从想法到落地——乡村振兴系列丛书

乡村景观规划设计

李国庆　黄　微◎著

RURAL
LANDSCAPE
PLANNING AND
DESIGN

U0240781

西南大学出版社
国家一级出版社　全国百佳图书出版单位

图书在版编目（CIP）数据

乡村景观规划设计 / 李国庆，黄微著. -- 重庆：
西南大学出版社，2024.5

ISBN 978-7-5697-2399-1

Ⅰ.①乡… Ⅱ.①李… ②黄… Ⅲ.①乡村规划—景
观规划—景观设计—研究—中国 Ⅳ.①TU986.2

中国国家版本馆CIP数据核字（2024）第100915号

乡村景观规划设计
XIANGCUN JINGGUAN GUIHUA SHEJI

李国庆 黄 微 著

责任编辑 ┃ 李 勇
责任校对 ┃ 伯古娟
装帧设计 ┃ 闰江文化
排　　版 ┃ 王 兴
出版发行 ┃ 西南大学出版社（原西南师范大学出版社）
　　地　　址 ┃ 重庆市北碚区天生路2号
　　邮　　编 ┃ 400715
　　电　　话 ┃ 023-68868624
印　　刷 ┃ 重庆亘鑫印务有限公司
成品尺寸 ┃ 170 mm×240 mm
印　　张 ┃ 12
字　　数 ┃ 200千字
版　　次 ┃ 2024年5月 第1版
印　　次 ┃ 2025年1月 第2次印刷
书　　号 ┃ ISBN 978-7-5697-2399-1
定　　价 ┃ 48.00元

从想法到落地——乡村振兴系列丛书

顾　问

张跃光

主　审

孙　敏　双海军　肖亚成　张　雄

丛书策划

杨　璟　唐湘晖　韩　亮　赵　静

孙　磊　孙宝刚　黄代銮　黄　微

前言

PREFACE

在当今快速发展的社会背景下，乡村景观规划设计正逐渐成为推进乡村全面振兴的重要力量。乡村景观的保护与发展不仅关系到乡村的可持续发展，也是实现人与自然和谐共生的关键。本书旨在为乡村景观的规划者、设计者以及相关从业人员提供系统的理论指导和实践参考。本书为"从想法到落地——乡村振兴系列丛书"的一册，图书秉持以下编写理念。

系统性与实践性相结合：本书不仅系统阐述了乡村景观的基本概念、特征、分类与评价，还详细介绍了规划设计的方法论，包括原则、目标、实施流程以及不同视角下的规划设计策略。同时，本书通过丰富的案例分析，将理论与实践紧密结合，确保读者能够将理论知识应用于实际工作中。

多学科融合视角：在规划设计的过程中，我们强调生态学、社会学、文化学等多学科知识的融合应用。这种跨学科的视角有助于构建更加全面和立体的乡村景观规划体系。

创新理念与技术应用：面对乡村景观规划设计中的新挑战，本书积极引入创新理念和新技术，如生态修复、绿色建筑、智慧乡村等，旨在推进乡村景观规划设计的现代化进程。

案例丰富，实用性强：本书中的案例均来源于实际项目，经过编者精心挑选并深入分析，具有很强的代表性和可操作性。这些案例不仅展示了乡村景观规划设计的成功实践，也为读者提供了宝贵的经验和启示。

注重可持续发展：在乡村景观规划设计中，我们始终强调可持续发展的原则，力求在保护乡村自然生态、传承历史文化的同时，促进乡村经济的发展和居民生活质量的提升。

思政教育、劳动教育与价值引领：本书在传授专业知识的同时，融入了思政教育和劳动教育，旨在培养从业人员的社会责任感、创新精神和实践能力，引导他们在乡村景观规划设计中树立正确的价值观。

本书汇集了重庆人文科技学院乡村振兴学院项目研究、实践教学、产教融合、社会服务、学科竞赛等方面成果。希望本书能够成为大家喜欢的乡村景观规划设计领域的实用读物，能为推动我国乡村景观的可持续发展贡献力量。同时，我们也期待与广大读者共同探讨乡村景观规划设计的未来，共同见证乡村的美丽蜕变。

目录

第一章

乡村景观概述　　　　　　　　　　　　　　　　　**001**

第一节　乡村景观的基本概念与特征 ………………………002

第二节　乡村景观的分类与评价 ……………………………015

第三节　乡村景观的现状与面临的挑战 ……………………019

第二章

乡村景观规划设计方法论　　　　　　　　　　　　**025**

第一节　乡村景观规划设计的目标与原则 …………………026

第二节　乡村景观规划设计的实施流程 ……………………037

第三节　不同视角下的乡村景观规划设计 …………………051

第四节　乡村景观规划设计的创新理念与方法 ……………061

第三章

村镇公园规划设计　　　　　　　　　　　　　　　**069**

第一节　村镇公园规划设计基础 ……………………………070

第二节　村镇公园景观特色塑造 ……………………………090

第三节　村镇公园设施建设与维护管理 ····················095

第四节　村镇公园规划设计案例 ····················100

第四章

村镇道路景观规划设计　107

第一节　村镇道路绿化设计 ····················108

第二节　村镇道路绿化实施细则 ····················115

第三节　村镇道路景观设计案例 ····················120

第五章

乡村庭院景观设计　125

第一节　乡村庭院景观设计概述 ····················126

第二节　乡村庭院景观详细设计 ····················132

第三节　乡村庭院景观设计案例 ····················139

第六章

村镇附属绿地规划设计　143

第一节　村镇附属绿地功能与类型 ····················144

第二节　村镇附属绿地设计与维护 ····················149

第三节　村镇附属绿地规划设计案例 ····················153

第七章

村镇公共空间景观规划设计 **155**

第一节　村镇公共空间功能与设计 ·················156

第二节　村镇公共空间景观元素 ·················160

第三节　村镇公共空间景观规划设计案例 ·········163

第八章

乡村农业生产景观规划设计 **167**

第一节　农业生产景观与生态保护规划 ··············168

第二节　农业生产景观规划与实施 ·················172

第三节　农业生产景观规划案例 ·················176

主要参考文献 **181**

第一章
乡村景观概述

⊙ 乡村景观的基本概念与特征

⊙ 乡村景观的分类与评价

⊙ 乡村景观的现状与面临的挑战

第一节

乡村景观的基本概念与特征

一、乡村、乡村景观的定义及内涵

1.乡村的定义及内涵

（1）地理概念

乡村通常指的是城市建成区以外的地区，包括乡镇、村庄等，这些地区具有明显的自然、社会、经济特征和生产、生活、生态、文化等多重功能。乡村地区往往以农业为主要产业，人口分布相对分散，与城市相比，乡村地区具有特定的自然景观和社会经济条件。

（2）产业概念

乡村是农业生产的主要空间，农业主要包括种植业、养殖业、传统手工业等。随着经济的发展，乡村产业也在不断转型和升级，出现了休闲观光农业、农产品物流、乡村旅游等新兴产业。这些产业的发展不仅为乡村带来了经济增长，也为农民提供了多样化的就业机会。

（3）文化概念

乡村承载着丰富的农耕文明和传统文化，是传统习俗、乡土文化的重要载体。乡村文化包括了农耕文明、民风家风、社会交往方式等，这些文化元素是中华文明的重要组成部分，对维护社会稳定和促进文化传承具有重要作用。

❋ 自然与人文融合的乡村景观

（4）制度安排

在国家工业化过程中，乡村往往承担着为城市提供资源的角色。因此，乡村地区形成了一系列与城市不同的制度，如户籍制度、土地制度、社会保障制度等。近年来，随着城乡融合发展的推进，这些制度差异正在逐步缩小。

（5）生态功能

乡村地区以农业为主的产业对生态环境具有重要的保护作用。农业活动有助于水土保持、空气净化和生态涵养。同时，乡村地区也是生物多样性的重要保护区。

（6）社会价值

乡村是社会稳定和发展的基础，乡村在保障国家粮食安全、促进社会和谐、实现可持续发展等方面具有不可替代的作用。乡村建设不仅关系到农民的福祉，而且是实现小康社会和社会主义现代化国家建设的重要内容。

（7）发展内涵

在新时代背景下，乡村发展被赋予了新的内涵，即"产业兴旺、生态宜居、乡风文明、治理有效、生活富裕"。这要求乡村发展不仅要注重经济建设，还要关注生态环境保护、文化传承、社会治理和民生改善，实现乡村全面进步和农民全面发展。

综上所述，乡村的定义和内涵是一个动态发展的概念，它随着经济社会发展和政策导向的变化而不断丰富和深化。在新时代的乡村振兴战略下，乡村发展的目标是建设宜居宜业和美乡村，实现乡村全面振兴。

2.景观的定义及内涵

景观是一个多学科交叉的概念，它在地理学、生态学、建筑学和城市规划等领域都有不同的定义和内涵。

（1）地理学定义

在地理学中，景观通常指的是地表上自然和人为因素相互作用形成的地表特征和空间格局，包括了地形、地貌、水系、植被、土壤、气候以及人类活动（如农业活动、城市化）等元素。景观可以是自然形成的，也可以是人为塑造的，它们在空间上相互联系，共同构成了地球表面的多样性。

（2）生态学定义

生态学视角下的景观强调的是生态系统的结构和功能，以及生物群落和生态过程在空间上的分布。景观生态学关注的是生物多样性、生态过程（如物种迁移、能量流动、物质循环）以及人类活动对生态系统的影响。

（3）建筑学和城市规划定义

在建筑学和城市规划领域，景观指的是对户外空间进行规划、设计和管理，进而创造的美观、实用、可持续的环境。景观设计包括公园、广场、街道、庭院等公共空间的设计，以及私人住宅和商业空间的户外环境设计。

（4）艺术和美学定义

在艺术和美学领域，景观可以被视为一种视觉艺术，它涉及对自然和人造环境的审美体验。艺术家和摄影师通过捕捉和表现景观的美感，传达情感和文化价值。

（5）社会文化定义

景观在社会文化层面上，反映了人类对环境的感知、理解和价值观。它与人们的生活方式、文化传统和历史记忆紧密相连，是身份和归属感的象征。

（6）经济学定义

在经济学中，景观可以被视为一种资源，它对旅游业、房地产、农业等产业具有重要的经济价值。良好的景观环境可以吸引投资，促进经济发展。

（7）可持续发展定义

在可持续发展的背景下，景观被视为生态系统服务的提供者，它对于维持生态平衡、减缓气候变化、保护生物多样性等方面具有重要作用。可持续景观管理强调的是人与自然的和谐共生，以及对资源的合理利用和保护。

综上所述，景观是一个多层次、多维度的概念，它涵盖了自然和人文的各个方面，是人类与环境相互作用的结果。在不同的学科领域中，景观的定义和内涵各有侧重，但共同点在于它们都强调了景观在塑造人类生活环境和促进可持续发展中的重要性。

3. 乡村景观的定义及内涵

乡村景观是指在乡村地区形成的自然和人文环境的综合体现，它包括了乡村的自然地理特征、农业生产活动、传统建筑风貌、文化习俗以及经济活动等方面。乡村景观的定义和内涵可以从以下几个维度进行详细阐述。

（1）自然地理特征

乡村景观的基础是其独特的自然地理环境，包括地形、地貌、水系、植被、气候等。这些自然要素共同构成了乡村的生态环境，为农业生产和居民生活提供了基本条件。

（2）农业生产活动

乡村是农业生产的主要空间，包括耕地、农田、果园、牧场、鱼塘等。这些空间不仅是食物生产的场所，也是乡村景观的重要组成部分，体现了乡村的经济功能和生产方式。

（3）传统建筑风貌

乡村的传统建筑，如农舍、祠堂、庙宇、古桥等，是乡村文化和历史的载体。这些建筑往往具有地域特色，反映了农村居民的生活方式和审美情趣，是乡村景观的重要标志。

（4）文化习俗

乡村景观还包括了丰富的文化习俗和传统活动，如节庆、民间艺术、手工艺、民间信仰等。这些文化元素为乡村景观增添了人文色彩，增强了乡村的吸引力和大家对乡村的认同感。

❂　乡村传统活动

（5）经济活动

乡村景观还涉及居民的经济活动，包括集市、手工业、乡村旅游等。这些活动不仅促进了乡村经济的发展，也为乡村景观增添了活力和多样性。

（6）生态环境

乡村景观的生态环境是其可持续发展的关键，包括水土保持、生物多样性保护、绿色植被覆盖等，这些都是美丽乡村景观的重要组成部分。

※ 乡村旅游

（7）规划与管理

随着乡村振兴战略的实施，乡村景观的规划与管理变得越来越重要。制定合理的规划，可以引导乡村景观的有序发展，保护乡村的自然美和文化特色，同时提升农村居民的生活质量。

（8）可持续发展

乡村景观的内涵还包括对资源的可持续利用和对环境的保护。这意味着在发展乡村经济的同时，要注重生态平衡，保护乡村的自然和文化资源，实现人与自然的和谐共生。

总之，乡村景观是一个多元化、动态变化的概念，它不仅包括了乡村的自然和人文要素，还涉及乡村的经济、社会、文化和生态等多个方面。在新时代背景下，乡村景观的保护与发展已成为实施乡村振兴战略的重要内容。

※　自然与人文融合的乡村景观

二、乡村景观的自然与文化特征

　　乡村景观不同于城市景观和普通的自然景观。乡村景观是指在村庄范围内，结合村民生产、生活的需求，在自然基底上叠加村民活动而形成的，是具有鲜明田园特征的人文景观和自然景观的环境综合体。

1. 乡村景观的自然特征

乡村景观的自然特征是其最本质的组成部分,它们构成了乡村环境的基础框架。

❋　乡村景观的自然特征

（1）地形地貌

乡村地区的地形多样，从平坦的农田到起伏的丘陵，再到险峻的山脉，地形地貌对乡村景观有着决定性的影响。它不仅决定了农业生产的类型和方式，也影响着村落的布局和建筑风格。

（2）气候条件

气候对乡村景观有着直接的影响，包括温度、降水、风向等。不同气候区域的乡村景观各具特色，如热带地区的浓密植被与温带地区的四季分明。

（3）水文特征

河流、湖泊、湿地等水体是乡村景观的重要组成部分，它们为农业生产提供水源，同时也是生物多样性的热点区域。水文特征还影响着乡村的生态平衡和居民的生活方式。

（4）植被覆盖

乡村地区的植被类型多样，从农田的作物到自然林区的树木，再到草地和湿地的植物，它们共同构成了乡村的绿色背景，并对维持生态平衡起着关键作用。

2. 乡村景观的文化特征

乡村景观的文化特征是人类活动在自然环境中的反映，它们体现了乡村社会的历史、传统和生活方式。

❋ 乡村景观的文化特征

（1）村落布局与建筑风格

每个乡村都有其独特的村落布局和建筑风格，这些往往与当地的自然环境和社会文化紧密相关。例如，山地村落可能因地形而建在山坡上，而水乡的村落则可能沿河而建。

❋ 沿水布局的村落

（2）农业生产方式

乡村的农业生产方式反映了当地的历史发展和文化传统。从传统的农耕到现代的机械化农业，再到有机农业和生态农业，这些生产方式不仅影响着乡村景观的面貌，也是乡村文化的重要组成部分。

（3）节日庆典与民间艺术

乡村的节日庆典和民间艺术活动是文化传承的重要载体，它们展示了农村居民的生活哲学和审美情趣。这些活动通常与自然节律和农业生产周期相联系，如春耕节、秋收节等。

乡村的节日庆典

（4）社区结构与社会关系

乡村社区的结构和居民之间的社会关系也是乡村文化的重要组成部分。这些关系往往基于血缘、地缘和职业，形成了紧密的社区网络和互助合作的传统。

三、乡村景观的社会经济意义

在全球化和城市化快速发展的今天，乡村景观不仅是自然和文化的载体，更是社会经济发展的重要部分。乡村景观规划设计不仅关乎生态保护和文化传承,更直接关系到乡村经济的振兴和社会发展的均衡。下面将探讨乡村景观规划设计在社会经济层面的深远意义。

1.促进乡村经济发展

乡村景观规划设计能够有效地整合乡村资源,提升乡村的整体形象和吸引力。比如,可以开发乡村旅游、特色农业、手工艺品等产业,吸引外来投资和游客,为当地居民创造就业机会,增加收入,从而带动当地经济发展。

❋ 特色农业

2.提升农村居民生活质量

良好的乡村景观不仅能够美化环境,还能提升居民的生活质量。通过改善公共空间、完善基础设施、增加绿地和休闲设施等措施,农村居民的居住条件和生活环境得到显著改善。此外,景观规划中的生态保护措施等措施,如水源保护、土壤改良等,也有助于保障居民的健康和福祉。

3.促进文化传承

乡村景观规划设计中的文化元素,如历史建筑、传统村落、民俗活动等,是乡村文化传承的重要载体。保护和活化这些文化资源,可以增强农村居民的文化认同感和社区凝聚力。同时,这些文化元素也是吸引游客的重要因素,有助于乡村文化的传播和交流。

4.促进区域协调发展

乡村景观规划设计有助于实现城乡一体化,促进区域协调发展。合理规划,可以避免城乡发展中的资源错配和环境问题,实现资源的合理配置和环境的可持续利用。此外,乡村景观的改善还能够吸引城市居民到乡村休闲、养老,促进城乡人口的双向流动,缓解城市压力。

5.增强乡村可持续发展能力

在乡村景观规划设计中,可持续发展理念是核心。采取生态保护、资源循环利用、绿色建筑等措施,可以增强乡村的自我调节能力和抵御外部冲击的能力。这样的乡村不仅能够保持其自然和文化特色,还能够在经济全球化的浪潮中保持竞争力。

乡村景观规划设计在促进经济发展、提升居民生活质量、促进文化传承、促进区域协调发展以及增强可持续发展能力等方面具有重要的社会经济意义。随着乡村振兴战略的深入推进,乡村景观规划设计将发挥越来越重要的作用,为构建美丽宜居乡村、实现小康社会目标贡献力量。

第二节

乡村景观的分类与评价

一、乡村景观的类型划分

1.自然景观类型

（1）山地乡村景观：以山体、森林、溪流等自然地貌为特征，强调地形起伏和垂直景观的层次。

（2）平原乡村景观：以农田、河流、湖泊为特色，注重平坦开阔的视野和农业景观的展示。

（3）滨海乡村景观：以海岸线、沙滩、渔村为特点，结合海洋文化和渔业活动，展现独特的海洋风情。

（4）湿地乡村景观：以沼泽、湿地、水系为特色，强调生态保护和水乡风情。

2.文化景观类型

（1）历史文化遗产类：包含古村落、古建筑群、历史遗迹等，强调对历史文脉的保护和传承。

（2）民俗文化类：以当地民俗活动、节庆、手工艺等为特色，展现乡村的人文风情。

（3）宗教文化类：以寺庙、教堂等建筑及相关活动为特色，体现乡村的宗教信仰和精神生活。

3.经济活动类型

(1)农业主导类:以农业生产为主,如稻田、果园、农田等,强调农业景观的规划和设计。

(2)工业转型类:原有工业设施改造为乡村景观的一部分,如废弃工厂的再利用,体现乡村产业的转型和创新。

(3)旅游休闲类:以乡村旅游、农家乐、度假村等为特色,注重景观的吸引力和游客体验。

4.社会结构类型

(1)传统村落类:保留传统乡村生活方式和建筑风貌,强调村落的原始性和历史感。

(2)新型社区类:结合现代居住理念和乡村特色,打造新型乡村社区,注重居民生活品质的提升。

☼ 传统村落布局

5.生态保护类型

（1）生态保护类：以保护自然生态系统为主，如自然保护区、森林公园等，强调生态平衡和生物多样性。

（2）生态恢复类：对受损生态系统进行修复和重建，如矿山复绿、水土保持等，注重生态修复和环境改善。

二、乡村景观评价的标准与方法

1.评价目的

（1）保护与传承：评价旨在识别乡村景观中具有历史、文化和自然价值的元素，确保这些元素在发展过程中得到保护和传承。

（2）可持续发展：评价乡村景观的可持续性，确保在经济发展和现代化进程中，乡村景观能够保持其生态平衡和社会功能。

（3）提升生活质量：从评价中可以发现乡村景观中存在的问题，提出整改措施，以提升居民的生活质量和游客的体验。

（4）促进经济发展：评价乡村景观的旅游潜力和经济价值，为乡村旅游业的发展提供依据，从而带动乡村经济的增长。

2.评价原则

（1）整体性原则：评价应考虑乡村景观的整体性，包括自然和人文因素的相互作用。

（2）动态性原则：乡村景观是动态变化的，评价应考虑时间因素和变化趋势。

（3）可持续性原则：评价应支持乡村景观的可持续发展，促进经济、社会和环境的协调发展。

3.评价方法

（1）定性评价：这种方法侧重于主观判断和专家意见，通过访谈、问卷调查、研讨会等形式收集信息。定性评价关注乡村景观的文化、历史和社会价值,以及居民和游客的感知和体验。

(2)定量评价:这种方法使用数学模型和统计分析来量化乡村景观的各个方面,如土地利用变化、生物多样性指数、景观连通性等。定量评价提供了客观的数据支持,有助于科学决策。

(3)综合评价:结合定性和定量方法,形成全面的评价体系。这种方法既考虑了乡村景观的客观特征,也兼顾了主观感受和文化价值,能够更全面地反映乡村景观的多维价值。

4.评价技术

(1)地理信息系统(GIS):GIS技术能够整合和分析空间数据,帮助评价者识别和理解乡村景观的空间结构、分布特征和变化趋势。

(2)遥感技术:使用卫星或无人机获取的遥感图像,可以监测乡村景观的自然状态,如植被覆盖、水体分布等,为生态评价提供数据支持。

(3)景观特征评估(LCA):这是一种系统性的方法,用于描述乡村景观的特征,如地形、植被、水体等,有助于识别和保护乡村景观的独特性。

(4)景观模拟和可视化:利用计算机模拟技术,可以预测乡村景观的未来变化,为规划和设计提供可视化的参考。

5.评价标准

(1)自然生态标准:评价乡村景观的自然特征,如地形地貌、植被覆盖、水体状况等,以及这些特征对生态系统服务的贡献。

(2)历史文化标准:评价乡村景观中的文化遗产,如古建筑、传统村落、非物质文化遗产等,以及这些文化元素对地方特色的体现。

(3)社会经济标准:评价乡村景观对当地居民生活和经济活动的影响,包括就业机会、收入来源、乡村发展等方面。

(4)美学价值标准:评价乡村景观的视觉吸引力和美学价值,包括景观的和谐性、多样性和独特性等。

第三节

乡村景观的现状与面临的挑战

一、当前乡村景观面临的主要问题

乡村景观,作为人类文明与自然生态交融的产物,不仅具有丰富的历史文化内涵,也是农村居民生活的重要空间。随着全球化和城市化的加速推进,乡村景观正面临着前所未有的挑战。

1.乡村景观的变迁

（1）乡村景观同质化

随着城市扩张,乡村地区面临着被"城市化"的风险。这种压力导致乡村景观逐渐失去其独特性,传统建筑被现代化建筑取代,自然景观被人造景观替代,乡村特色逐渐消失。

（2）农业现代化对生态环境的影响

农业现代化追求高产出,往往伴随着化肥、农药的大量使用,这对乡村的自然生态造成了破坏,影响了乡村景观的生态平衡。

（3）人口外流与乡村空心化

随着经济的发展,越来越多的年轻人选择离开乡村前往城市寻求更好的发展机会,导致乡村人口结构老龄化,社区活力下降,乡村景观建设缺乏维护和更新的动力。

2.乡村景观规划设计的不足

（1）规划理念的滞后

当前的乡村规划往往缺乏对乡村独特文化和生态价值的充分认识,规划理念滞后,难以适应乡村发展的新需求。

（2）规划实施的困难

乡村规划在实施过程中常常遇到资金不足、政策支持不到位、村民参与度低等问题,导致规划难以有效执行。

（3）设计与实际需求脱节

乡村景观设计往往忽视了当地居民的实际需求,设计成果难以得到村民的认可和支持,难以实现可持续发展。

二、乡村景观保护与发展面临的挑战

乡村景观不仅是自然与人文环境的结合体,也是历史与文化的积淀,是农村居民生活与情感的寄托。随着全球化和城市化的加速推进,乡村景观面临着前所未有的保护与发展的双重挑战。如何在保护传统乡村风貌的同时,促进其可持续发展,已经成为当前乡村规划设计领域的核心议题。

1.乡村景观保护面临的挑战

（1）文化遗产的消失与破坏

随着现代化的推进,许多传统乡村建筑和文化景观正在逐步消失。这些遗产不仅是乡村文化的重要组成部分,也是乡村景观多样性的体现。如何在现代化浪潮中保护这些文化遗产,防止其被无序开发和破坏,是乡村景观保护面临的一大挑战。

❋ 乡村建筑遗产　　　　　　　❋ 乡村文化景观

（2）自然环境的退化

　　乡村景观的自然美往往依赖于其独特的自然环境。然而,过度开发、污染和气候变化等因素正导致乡村自然环境的退化,如水源枯竭、土壤侵蚀、生物多样性下降等。这些环境问题不仅影响乡村景观的美观,也威胁到农村居民的生活质量和农业生产。

❋ 乡村自然环境退化

（3）土地利用的冲突

　　随着城市扩张和农业现代化,乡村土地利用方式发生显著变化。农田转为建设用地、生态用地被开发等现象日益普遍。如何在保护乡村景观的同时,合理规划土地利用,避免土地资源的浪费和生态环境的破坏,是乡村景观保护中必须面对的问题。

2.乡村景观发展面临的挑战

(1)经济发展与生态保护的平衡

乡村发展往往伴随着经济活动的增加,这在一定程度上会与生态保护发生冲突。如何在促进乡村经济发展的同时,保护乡村的自然和文化景观,实现经济、社会和环境的可持续发展,是乡村景观发展中面临的重大挑战。

(2)传统与现代的融合

乡村景观的保护与发展需要在尊重传统的基础上进行现代化改造。如何在保留乡村特色的同时,引入现代元素,提升农村居民的生活水平,是乡村景观设计中的一个重要课题。

※ 传统与现代结合的乡村

（3）居民参与及利益协调

乡村景观的保护与发展离不开当地居民的参与。如何调动居民的积极性，让他们成为乡村景观保护与发展的主体，同时协调好居民利益与乡村发展之间的关系，是实现乡村景观可持续发展的重要条件。

3.应对策略

（1）制定科学合理的规划

应制定乡村景观保护与发展的总体规划，明确保护目标和发展方向，确保规划的科学性、合理性和可操作性。规划应充分考虑乡村的自然条件、文化特色和居民需求，以实现对乡村景观的保护。

（2）加强法律法规建设

应建立健全乡村景观保护与发展的相关法律法规，为乡村景观的保护提供法律保障。同时，加大对法律法规的宣传和执行力度，确保乡村景观保护政策的有效实施。

（3）提升居民意识与参与度

开展教育和培训，可以提升农村居民对景观保护与发展重要性的认识，鼓励他们参与乡村景观保护和建设。同时，建立有效的利益分配机制，确保居民在乡村景观保护与发展中获得应有的利益。

（4）引入多方资源与合作

鼓励政府、企业、社会组织和居民等多方参与乡村景观的保护与发展，形成合力。通过合作，可以引入资金、技术和管理经验，多方共同推动乡村景观的可持续发展。

第二章
乡村景观规划设计
方法论

- ⊙ 乡村景观规划设计的目标与原则
- ⊙ 乡村景观规划设计的实施流程
- ⊙ 不同视角下的乡村景观规划设计
- ⊙ 乡村景观规划设计的创新理念与方法

第一节

乡村景观规划设计的目标与原则

一、规划设计的主要目标

1.保护与恢复乡村自然生态环境

乡村景观规划设计的首要目标是保护与恢复乡村的自然生态环境,具体包括保护乡村的水源地、森林、湿地等重要生态系统,以及维护生物多样性。制定合理的规划,可以避免过度开发和环境污染,确保乡村的自然美景得以保存,并为后代留下宝贵的自然资源。

2.促进乡村经济发展

乡村景观规划设计应考虑如何提升乡村景观品质来促进当地经济发展。比如,可以发展特色乡村旅游、农产品、手工艺品等产业来促进经济发展。规划设计应注重提升乡村的竞争力和吸引力,吸引游客和投资者,从而带动乡村经济的多元化发展。

3.传承与弘扬乡村文化

乡村景观规划设计应尊重和保护乡村的历史文化遗产,包括古建筑、传统村落、非物质文化遗产等。制定合理的规划,可以将这些文化遗产与现代生活相结合,使之成为乡村发展的重要支撑点,同时也为农村居民提供文化认同感和归属感。

❋ 中国传统村落（丽江市玉龙纳西族自治县宝山乡吾木村）

❋ 民俗雕塑

4.提升农村居民生活质量

乡村景观规划设计应以人为本,关注农村居民的日常生活需求,包括提供舒适的居住环境、便利的交通设施、完善的公共服务设施等。改善乡村基础设施条件,可以提升居民的生活质量,使乡村成为一个宜居、宜业、宜游的地方。

5.促进乡村社会和谐

乡村景观规划设计还应关注社会和谐,通过规划促进乡村社区的凝聚力和向心力。比如,可以建设公共活动空间、社区服务中心等,为农村居民提供交流互动的平台,增强社区的凝聚力。

6.实现可持续发展

在乡村景观规划设计过程中,应贯彻可持续发展理念,确保乡村景观的发展不会损害环境和资源。比如,可采用绿色建筑技术、雨水收集系统,推广有机农业等。

7.强化乡村景观特色

每个乡村都有其独特的地理、历史和文化背景,规划设计应充分挖掘和强化这些特色,避免"千村一面"的现象。应保护和利用乡村的自然风光、历史遗迹、民俗风情等,打造具有辨识度的乡村景观。

8.促进城乡融合发展

乡村景观规划设计还应考虑如何与城市发展相协调,实现城乡一体化,包括优化城乡交通网络、共享公共服务资源、推动城乡产业互补等,使乡村成为城市发展的有益补充。

总之,乡村景观规划设计的目标是多方面的,它旨在保护和提升乡村的自然、经济、社会、文化和生态价值,同时促进乡村的可持续发展和城乡一体化。

二、设计依据与设计原则

1.设计依据

在进行乡村景观规划设计时,需要考虑当地的自然地理条件、生态环境状况、历史文化背景等诸多方面。只有全面了解这些信息,才能让设计方案适应乡村的实际情况,满足居民的需求,并促进乡村的可持续发展。

(1)自然地理条件

乡村的自然地理条件是规划设计的重要依据。地形地貌、气候条件、水文特征等自然因素对乡村景观的塑造有着决定性的影响。

地形地貌:地形的起伏、地貌的类型(如山地、平原、丘陵等)直接影响着乡村的景观布局和功能分区。设计师需要考虑如何利用这些自然条件,创造出与地形相协调的景观。

气候条件:气候类型、温度、降水量、风向等气候因素对植被选择、建筑布局和户外活动空间的设计都有着重要影响。设计师需要根据气候条件选择适宜的植被和建筑材料,设计适应气候变化的户外活动空间。

水文特征:河流、湖泊、地下水等水体的分布和水质状况对乡村景观的生态价值和居民生活有着直接影响。设计师需要考虑如何保护水源地,设计合理的水体利用方案和保护措施。

(2)生态环境状况

乡村的生态环境状况是规划与设计中不可忽视的因素。保护和恢复生态环境,维护生物多样性是乡村景观设计的重要目标。

生物多样性是生态系统健康的关键指标,它涵盖了从微观的微生物到宏观的动植物等所有生物种类。在乡村生态系统中,生物多样性不仅包括了丰富的植物群落,如灌木、草本植物等,还包括了各种动物,如鸟类、哺乳动物、两栖动物和爬行动物,以及微生物,如细菌、真菌和原生生物。这些生物之间存在着复杂的相互作用,共同维持着生态系统的平衡。

在进行乡村规划时,设计师需要对这些生态系统进行细致的评估,以确保规划活动不会对生物多样性造成负面影响。这可能涉及对现有物种的调查,了解它们在生态系统中的角色,以及它们对环境变化的敏感性。例如,某些植物可能是特定动物的食物来源,而某些动物可能是植物授粉的关键媒介。保护这些关键物种和它们的生存环境对于维持生态平衡至关重要。

生态敏感区域,如湿地和珍稀植物栖息地,通常是生物多样性的热点区域,它们提供了独特的生态服务,如水源涵养、洪水调节、碳储存和生物多样性维护。设计师在规划过程中,应识别这些区域,并采取相应的保护措施,这可能包括设立保护区、限制开发活动、实施可持续的土地管理实践,以及促进当地社区参与保护工作等。

生态恢复是指对受损生态系统进行修复和改善的过程,目的是恢复其自然功能和生物多样性。在乡村地区,这可能涉及退化土地的植被恢复,如重新种植原生植物,以促进土壤结构的改善和水土保持。采取土壤改良措施,如添加有机物质和微生物,可以帮助提高土壤肥力,促进植物生长。此外,生态恢复还可能包括水体净化、侵蚀控制和栖息地重建,以促进生态系统的整体健康。

在实施生态恢复项目时,设计师应考虑使用本地物种,因为它们更适应当地环境,能够更好地融入现有生态系统。同时,应采用适应性管理策略,以应对气候变化和人类活动带来的不确定性。通过这些努力,乡村地区的生态系统不仅能够恢复其自然美,还能为当地居民提供生态服务,如提供清洁的水源、供应食物和提供休闲空间,从而实现人与自然的和谐共生。

(3)历史文化背景

乡村的历史文化背景是其独特魅力的源泉,它不仅为当地居民提供了身份认同感和归属感,也为外来游客提供了深入了解和体验当地生活方式的机会。在景观设计中,尊重和传承这些文化元素至关重要。

历史文化遗产的保护和恢复工作是乡村景观设计的核心部分。这包括对历史建筑的修复,如古宅、庙宇、桥梁和城墙等,这些建筑往往有着悠久的历史和较高的艺术价值。通过精心的修复和适当的维护,这些遗产可以成为乡村景观的亮点,在吸引游客的同时,也能为当地居民提供一个了解和欣赏当地文化遗产的场所。此外,保护传统村落同样重要,传统村落往往保留了古老的街道布局、建筑风格和生活方式,是乡村历史和文化的体现。

民俗风情是乡村文化的重要组成部分,它体现在当地的节庆活动、民间艺术、传统手工艺和饮食习惯中。在景观设计中,可以通过举办文化节、建立民俗博物馆或展示中心等方式,将这些民俗风情融入乡村景观。这样的设计不仅能够增强乡村的吸引力,还能够促进当地文化的传承和发展,让游客在享受自然美景的同时,也能体验到丰富多彩的文化生活。

乡土建筑是乡村景观中不可或缺的元素,它们往往与当地的自然环境和文化传统紧密相连。研究乡土建筑的风格、材料和技艺,可以帮助设计师更好地理解乡村的地域特色,并在新的设计中巧妙地融入这些元素。例如,使用当地的建筑材料,如石头、竹子或泥土,可以创造出与周围环境和谐共存的建筑。同时,借鉴传统建筑的屋顶设计、窗户布局和庭院规划,可以在现代建筑中体现出乡村的历史韵味。

(4)社会经济现状

乡村的社会经济现状是规划设计过程中不可忽视的关键因素,因为它直接影响到农村居民的日常生活和整体福祉。在进行乡村规划时,设计师需要深入了解并考虑这些实际问题,以确保设计方案能够提升居民的生活质量,并促进乡村的可持续发展。

※ 乡村庙宇

人口结构是乡村社会经济分析的基础。了解农村居民的年龄分布、性别比例、教育背景和职业特征,有助于设计师创建更加包容和多样化的景观空间。例如,针对老年人口,可以规划更多的休闲和社交空间,如公园、广场和文化活动中心,以满足他们对健康生活和社交活动的需求。对于儿童和青少年,可以规划安全的游戏区域和教育设施,如图书馆和学习中心,以支持他们的成长和发展。同时,应确保公共空间的设计能够满足绝大部分人群的需求,如提供足够的照明和安全措施。

经济发展水平是乡村规划的另一个重要考量。设计师需要分析乡村的主导产业,如农业、手工业、旅游业等,以及这些产业对当地就业和收入的影响。设计能够提升这些产业效益且具有吸引力的景观项目,如农产品展示区、手工艺品市场或乡村旅游路线,可以促进乡村经济的多元化增长。此外,应鼓励创新和创业,提供必要的基础设施和支持服务,如创业孵化器和网络设施,也有助于创造新的就业机会和增加居民收入。

社会服务设施是提高农村居民生活质量的关键。评估现有的教育、医疗、交通等基础设施,可以帮助设计师找到服务不足的领域,并提出相应的改善措施。例如,更新改造乡村学校的设施,提供现代化的教育环境,可以提高教育质量;建立或升级医疗中心,确保居民能够获得基本的医疗服务;优化交通网络,如改善道路条件和公共交通系统,可以提高乡村的可达性和居民的出行便利性。这些改善措施不仅能够提升居民的日常生活体验,还能够吸引更多的人才和投资,进一步促进乡村的经济发展。

(5)政策法规要求

在进行乡村规划与设计时,遵守国家和地方的政策法规是确保项目合法性、可持续性和社会接受度的前提条件。这些政策和法规为乡村规划提供了框架和指导原则,帮助设计师在遵守法律法规的同时,创造出既符合当地需求又能促进乡村发展的设计方案。

国家和地方政策通常涵盖了乡村发展的各个方面,包括但不限于农业现代化、乡村振兴战略、生态保护、文化遗产保护、土地资源管理等。设计师在规划时,需要深入了解这些政策的具体内容和目标,确保设计方案与国家和地方的发展愿景相一致。例如,国家政策强调绿色发展和生态文明建设,那么规划应注重生态保护和可再生能源的利用,减少对环境的负面影响。

❋ 现代农业

规划法规则为乡村规划提供了具体的操作性指导。这些法规可能涉及土地使用权的分配、建筑规范、基础设施建设标准、环境保护要求等。设计师在设计过程中,必须严格遵守这些法规,确保规划的合法性。例如,土地利用规划需要遵守土地管理法,确保土地的使用符合国家的土地利用总体规划;建筑设计则需要遵守建筑法规,确保建筑安全、节能和环保。

在实际操作中,设计师可能需要与地方政府、社区成员、专家顾问以及相关人员进行沟通和协作,以确保规划方案既符合政策导向,又能够满足当地居民的实际需求。此外,设计师还应关注政策的动态变化,及时调整规划策略,以应对可能的政策调整或新的法规出台。

(6)居民需求和参与

深入了解农村居民的需求才能确保设计方案的实用性和可接受性,也有助于增强居民对项目的归属感和满意度。

居民需求的调查研究是规划的第一步,包括对居民日常生活习惯、文化偏好、休闲活动等方面的深入了解。例如,了解居民对于公共绿地、运动设施、文化活动中心等空间的需求,可以帮助设计师创建既实用又受欢迎的公共空间。此外,考虑到农村居民可能对传统文化和习俗有特殊的情感,设计师在规划时应尊重并融入这些文化元素,如保留传统建筑风貌、设置民俗活动场所等,以满足居民的文化需求。

居民参与是确保规划项目成功的关键。通过公众参与,设计师可以更直接地了解居民的真实想法和期望,避免设计出与居民需求脱节的项目。参与方式可以多样化,包括社区会议、工作坊、问卷调查等。在这些活动中,居民可以提出建议、表达担忧,甚至参与到具体的设计决策中。这种参与不仅提高了规划的透明度,也有助于建立居民与规划者之间的信任关系。

在实施过程中,居民参与还可以转化为对项目的持续支持和维护。居民作为乡村的主人,他们的积极参与有助于确保规划项目能够长期有效地运行。例如,居民可以参与到公共空间的维护工作中,或者在文化活动中扮演重要角色,这样不仅减轻了政府的负担,也增强了社区的凝聚力。

总的来说,乡村景观规划设计的依据涵盖了自然地理条件、生态环境状况、历史文化背景、社会经济现状、政策法规要求以及居民需求和参与等多个方面。这些依据为设计师提供了全面的参考信息,有利于他们创造出既美观又实用的乡村景观。在实际操作中,设计师需要根据乡村的具体条件和实际需求,灵活运用这些设计依据,创造出既符合自然规律又满足人文需求的乡村景观。

2.设计原则

在乡村景观规划设计中,设计原则是指导整个设计过程的核心理念,正确的设计原则才能确保设计方案的科学性、合理性。以下是乡村景观规划设计中应遵循的设计原则。

(1)生态优先原则

乡村景观规划设计应首先考虑生态保护和环境改善。设计师需要在规划设计中优先考虑自然生态系统的完整性和稳定性,确保设计方案不会对当地生态环境造成负面影响。生态优先原则包括保护和恢复自然景观、维护生物多样性,以及采用可持续的资源管理策略。

(2)文化尊重原则

乡村景观规划设计应尊重并弘扬当地的历史文化。设计师应深入了解乡村的历史背景、文化传统和民俗风情,将这些元素融入设计中,使之成为乡村景观的特色和灵魂。同时,应保护和修复历史遗迹和传统建筑。

(3)人本关怀原则

乡村景观规划设计应以人为中心,关注居民的生活质量和需求。设计师应考虑居民的日常活动、休闲娱乐和社交需求,创造舒适、安全、便捷的公共空间。此外,应鼓励居民参与规划设计过程,确保设计方案能够反映和满足居民的实际需求。

(4)经济合理原则

乡村景观规划设计应考虑经济因素,确保项目的经济效益和可持续性。设计师应寻求效益高、维护成本低的设计方案,并考虑如何通过景观设计促进当地经济发展,如发展乡村旅游、特色农产品产业等。

⁂ 特色农产品木耳

（5）美学和谐原则

乡村景观规划设计应追求美学价值，创造出和谐、宜人的乡村环境。设计师应考虑景观的视觉效果，包括色彩、线条、形状和空间布局，以及如何与周围自然环境和建筑风貌相协调。

（6）系统整合原则

应将乡村景观规划设计作为一个整体来考虑，与乡村的整体发展规划相协调。设计师应整合各种资源和要素，包括自然、文化、社会和经济因素，形成一个有机的整体，确保景观规划与乡村其他方面的规划相辅相成。

（7）动态适应原则

乡村景观规划设计应具备一定的灵活性和适应性，以应对未来可能发生的变化。设计师应考虑到乡村发展、人口变化、技术进步等因素，设计出能够适应这些变化的景观方案。

（8）科技应用原则

乡村景观规划设计应充分利用现代科技，提高设计的科学性和精确性。设计师可以利用地理信息系统、建筑信息模型等工具，进行更准确的资源评估、规划模拟和效果展示。

（9）可持续性原则

乡村景观规划设计应遵循可持续发展的原则，确保设计方案在满足当前需求的同时，不会损害未来的利益。比如，采用环保材料、节能技术、雨水收集系统，推广有机农业等。

（10）参与性原则

乡村景观规划设计应鼓励社区成员参与，确保设计方案能够反映社区成员的意愿和需求。设计师应与社区成员进行充分的沟通和协作，共同参与规划和设计过程，以提高项目的接受度和成功率。

总的来说，遵循乡村景观规划设计的原则是项目成功实施的基础。这些原则要求设计师在规划与设计过程中，不仅要关注自然、文化、社会和经济等多个维度，还要考虑项目的可持续性、灵活性和参与性。遵循这些原则进行设计，我们就能够创造出既美观又实用、既符合传统又适应现代的乡村环境，为乡村的可持续发展和居民的福祉做出贡献。

第二节
乡村景观规划设计的实施流程

一、设计前期的准备与调研

在乡村景观规划设计的过程中,前期的准备与调研是至关重要的环节。这一阶段的工作质量直接影响到后续设计的质量、实施的可行性以及最终效果的满意度。以下是对乡村景观规划设计的前期准备与调研的详细阐述。

1.明确规划设计目标与范围

在规划与设计的开始阶段,首先需要明确规划的目标和范围,包括确定规划的总体目标、具体任务、预期成果以及规划的时间表。同时,要明确规划的范围,包括地理边界、涉及的自然和人文要素,以及规划的深度和广度。

2.组建专业团队

组建一个跨学科的专业团队对于乡村景观规划设计的成功非常重要。团队应包括景观设计师、规划师、生态学家、社会学家、建筑师、文化专家等,以确保从多个角度对乡村景观进行全面的分析和设计。

3.收集基础资料

收集和整理乡村的基础资料是前期准备的关键步骤。这些资料应包括地形图、气候数据、水文资料、土壤条件、植被分布、动物种类、历史文化遗产、人口统计、经济状况等。这些信息将为后续的分析和设计提供科学依据。

4.实地考察与调查

实地考察是获取第一手资料的重要途径。实地考察,可以直观地了解乡村的自然条件、人文环境、社会经济状况等。此外,还可以通过访谈、问卷调查等方式,收集居民、社区组织、当地政府等不同利益相关者的意见和需求。

5.分析现状与问题

在收集和整理资料的基础上,进行现状分析和问题识别,包括对乡村景观的现状进行评估,识别存在的问题和挑战,如生态环境破坏、文化遗产保护不足、公共设施缺乏等。同时,分析乡村的发展潜力和机遇,为规划设计提供方向。

6.鼓励参与规划设计

鼓励农村居民和其他利益相关者参与规划设计过程,可以提高规划设计的接受度和实施的成功率。设立工作坊、公众论坛等,可以让居民表达他们对乡村景观的愿景和期望,参与决策过程。

7.制定规划设计框架

在前期调研的基础上,制定乡村景观规划设计的框架,包括确定规划的结构、内容、方法和技术路线。规划框架应明确规划的指导思想、基本原则、主要任务和工作步骤。

8.规划设计初步方案

根据规划框架,制定乡村规划设计的初步景观方案,包括景观布局、功能分区、特色节点、交通流线等。初步方案应考虑乡村的自然条件、文化特色、社会需求和经济可行性。

9.方案评估与优化

对初步方案进行评估,包括环境影响评估、经济可行性分析、社会影响评估等。根据评估结果,对方案进行优化和调整,确保方案的科学性、合理性和可操作性。

10.编制规划设计报告

将前期准备与调研的成果整理成规划报告。报告应详细记录调研过程、分析结果、初步方案和优化建议,为后续的设计实施提供指导。

总的来说,乡村景观规划设计的前期准备与调研是一个复杂、综合的过程。它要求规划者具备广泛的知识背景、敏锐的观察力和深入的分析能力。做好这一阶段的工作,可以确保乡村景观规划设计既符合乡村的实际情况,又满足居民的需求,为乡村的可持续发展奠定坚实的基础。

二、规划设计方案的制定与优化

在乡村景观规划设计的过程中,制定与优化设计方案是实现规划目标的关键环节。这一阶段的工作需要在前期准备与调研的基础上,结合乡村的自然、文化、社会和经济条件,以及居民的需求和期望,创造具有地方特色和发展潜力的乡村景观。以下是对乡村景观规划设计方案制定与优化的详细阐述。

1.分析调研结果

在制定设计方案之前,需要对前期调研收集的数据和信息进行深入分析。

(1)自然地理条件分析:设计师需要详细了解乡村的地形地貌、气候条件、水文特征等自然要素,包括土壤类型、植被分布、水资源状况以及可能存在的自然灾害风险。这些信息对于确定适宜的土地利用方式、基础设施布局以及生态保护措施至关重要。

(2)生态环境分析:对乡村的生物多样性、生态系统服务功能以及环境承载能力进行分析。这涉及对当地物种、生态敏感区域、污染状况和生态恢复潜力的研究。了解这些信息有助于在规划中融入生态保护和可持续发展的理念。

（3）历史文化价值分析：深入挖掘乡村的历史背景、文化遗产和传统习俗。这包括对历史建筑、传统村落、非物质文化遗产的调查和记录。这些文化元素是乡村独特魅力的来源，也是规划设计中需要特别保护和利用的资源。

（4）社会经济状况分析：研究乡村的人口结构、就业状况、经济发展水平和居民生活水平。这有助于识别乡村发展的优势和劣势，以及了解居民的实际需求和期望。社会经济状况分析还可以揭示乡村发展中的潜在问题，如贫困、失业或资源分配不均等。

（5）居民需求与利益相关者意见整理：通过问卷调查、访谈、公众参与等方式，收集居民对于乡村发展的看法和建议。同时，与政府机构、企业、非政府组织等利益相关者沟通，了解他们的目标和期望。这些信息对于确保设计方案能够满足多方利益和需求至关重要。

（6）数据整合与需求归纳：将收集到的数据和信息进行整合，归纳出乡村发展关键问题和挑战。同时，明确居民和利益相关者的核心需求，为后续的规划设计提供指导。

分析调研结果能确保设计方案是基于对乡村全面而深入的理解，从而制定出的既科学合理又切实可行的规划策略。通过这样的分析，设计师能够更好地平衡自然保护与经济发展、传统与现代、公共利益与私人需求之间的关系，最终创造出既美观又实用的乡村空间。

2.设计理念与目标的明确

在乡村规划设计的初期，明确设计理念与目标是确保项目成功的关键。这就要求设计师深入理解乡村的内在价值和外在需求，并将这些理解转化为具体的设计原则和目标。

（1）设计理念的明确：设计师首先需要识别乡村的独特性，这可能包括其自然环境、历史文脉、社会结构和经济活动。基于这些特色，设计师可以提出核心的设计理念，这个理念应当能够指导整个规划过程，确保设计方案不仅美观，而且具有实际意义和长远价值。例如，如果乡村以农业为主导产业，设计理念可能强调农业景观的保护和提升，同时促进农业与旅游业的结合，实现产业升级。

(2)设计目标的设定：在明确了设计理念之后，设计师需要设定具体、可衡量的设计目标。这些目标应当与乡村的发展战略相一致，并且能够反映居民和利益相关者的期望。设计目标可能包括以下方面。

生态保护：确保乡村的自然环境得到有效保护，保持生态平衡，维护生物多样性。

文化传承：保护和弘扬乡村的历史文化遗产，促进传统艺术和手工艺的发展。

经济发展：通过合理的土地利用和产业布局，提高乡村的经济活力，增加就业机会。

居民福祉：改善居民的居住条件，提供高质量的公共服务，提升居民的生活质量。

社区参与：鼓励居民参与规划过程，确保设计方案能够反映社区的意愿和需求。

在设定目标时，设计师还应考虑目标的可实现性，确保它们既具有挑战性，又能够在现有资源和条件下实现。此外，目标还应当具有一定的灵活性，以适应项目实施过程中可能出现的变化。通过明确设计理念与目标，设计师能够为乡村规划提供清晰的方向，确保设计方案不仅能够解决当前的问题，还能够为乡村的未来发展奠定坚实的基础。这样的规划过程有助于实现乡村的可持续发展，同时提升居民的幸福感和归属感。

3.制定初步设计方案

在制定初步设计方案时，设计师需要将前期的分析结果和明确的设计目标结合起来，制定一个既美观又实用的乡村景观规划设计方案。这一过程应综合考虑多个方面，以确保设计方案能够满足乡村的多方面需求。

(1)景观布局：设计师需要考虑如何合理利用乡村的自然地形、水系和植被，创造出和谐的景观布局。这可能包括保留和强化自然景观，如山川、河流、森林等，同时在必要时进行适度的人工干预，以增强景观的吸引力和功能性。

(2)功能分区:在乡村中划分不同的功能区域,如居住区、农业区、商业区、休闲区等。每个区域的设计都应考虑到其特定的功能需求和对环境的影响,确保各区域的协调发展。

(3)特色节点设置:识别并设计乡村中的关键景观节点,如历史建筑、文化广场、观景台等。这些节点不仅能够成为乡村的标志性景观,还能够吸引游客,促进当地经济发展。

(4)交通和步行系统规划:设计高效、便捷的交通网络,包括主干道路、自行车道和步行路径等。这些路径应连接乡村的主要功能区,同时提供安全、舒适的出行体验。考虑到乡村发展的可持续性,交通规划应鼓励绿色出行方式。

(5)公共空间设计:为居民提供多样化的公共空间,如公园、广场、社区中心等。这些空间应满足居民的休闲、社交和文化活动需求,同时融入乡村的自然和文化元素。

(6)生态保护与可持续发展:在初步设计方案中,应充分考虑生态保护措施,如设置生态走廊、保护湿地等。同时,采用环保的建筑材料,减少对环境的负面影响。

(7)居民日常生活需求:应确保设计方案能够满足居民的日常生活需求,如提供足够的绿地、儿童游乐场、运动设施等。这些设施应方便居民使用,有利于形成社区的凝聚力。

初步设计方案的制定是一个迭代过程,设计师需要不断地调整和完善,以确保方案的可行性和吸引力。通过与居民、专家和利益相关者的沟通,设计师可以获得反馈信息,进一步优化设计方案,使其更加贴近乡村的实际需求和未来发展规划。

4.环境影响评估

在初步设计方案制定完成后,进行环境影响评估是确保项目可持续发展的重要步骤。这一过程涉及对设计方案可能产生的环境影响进行全面的预测、分析和评价,以确保项目在实施过程中能够最大限度地减少对自然环境的破坏,促进生态平衡。

（1）生态环境影响：评估设计方案对当地生态系统的潜在影响，包括对生物多样性的保护、生态平衡的维持以及生态系统服务功能的保持。这可能涉及对特定物种栖息地的保护、生态走廊的建立以及对敏感生态区域的避让。

（2）水资源影响：分析设计方案对当地水资源的利用和保护，包括对水质、水量以及水循环的影响，确保设计方案不会对水源地造成污染，同时应考虑洪水管理和干旱应对措施。

（3）土壤影响：评估设计方案对土壤质量、土壤侵蚀和土地利用变化的影响，包括对土壤肥力的保护、避免过度开发导致的土壤退化，以及合理规划土地使用，以减少对土壤的破坏。

（4）动植物栖息地影响：预测设计方案对当地动植物栖息地的潜在影响，确保关键生态区域得到有效保护，包括对迁徙路径的保护、对濒危物种栖息地的维护以及对生态敏感区域的特别关注等方面。

（5）气候变化适应性：考虑设计方案在应对气候变化方面的适应性，如极端天气事件的应对策略、海平面上升的防护措施以及对碳足迹的控制。

（6）社会经济影响：除了考虑对自然环境的影响，环境影响评估还应考虑设计方案对当地社会经济的影响，包括对居民生活质量、就业机会和经济发展的潜在影响。

环境影响评估结果将为设计师提供宝贵的信息，指导他们对初步设计方案进行必要的调整，包括修改土地使用计划、优化建筑设计、引入绿色基础设施、实施生态补偿措施等。通过这些调整，可以确保设计方案在满足乡村发展需求的同时，最大程度地保护和改善环境，实现人与自然的和谐共生。环境影响评估是一个动态的过程，随着项目进展和新信息的出现，可能需要不断地更新和完善。通过这一过程，设计师能够确保项目的环境友好性，为乡村的可持续发展做出贡献。

5.经济可行性评估

设计方案的经济可行性评估是确保项目从概念到实施过程中能够持续推进的关键环节。这一过程不仅关注项目的直接经济成本和收益，还会关注项目的长期经济收益情况，以及如何通过设计促进乡村经济的整体发展。

(1)建设成本评估:设计师需要对设计方案中的各个组成部分进行详细的成本估算,包括土地获取、建筑材料、施工费用、设备采购等。这要求设计师了解市场行情,并具备成本控制和预算管理的能力。

(2)维护费用预测:除了初期的建设成本,设计方案还应考虑长期的维护和管理费用,包括日常维护、设施更新、环境监测等费用。合理的维护计划可以延长设施的使用寿命,降低长期成本。

(3)预期收益分析:设计师应评估设计方案可能带来的经济收益,包括直接的经济回报,如门票收入、租赁费用等,以及间接的经济效应,如提升当地品牌价值、吸引外来投资等。

(4)促进乡村经济发展:设计方案应考虑如何通过提升乡村的吸引力来促进经济发展。例如,发展乡村旅游可以带动当地餐饮、住宿、交通等相关产业的发展。特色农产品的开发和推广可以增加农产品的附加值,提高农民收入。

(5)创新融资模式:为了降低项目的经济压力,设计师可以探索多种融资渠道,如政府补贴、公私合作模式、社区众筹等。这些模式可以分散风险,吸引更多的投资,确保项目的顺利实施。

(6)经济效益与社会效益的平衡:在进行经济可行性分析时,设计师还应考虑项目的社会效益,如提升居民生活质量、促进社会和谐等。一个成功的设计方案应当在经济效益和社会效益之间找到平衡点。

(7)风险评估与管理:设计师需要识别项目实施过程中可能遇到的风险,如市场波动、政策变化等,并制定相应的风险管理策略。这有助于项目在面对不确定性时能够灵活应对,确保经济目标的实现。

通过这些经济可行性评估,设计师能够确保设计方案在经济上是可行的,并且能够为乡村带来长期的经济利益。这样的评估有助于项目获得投资者和决策者的支持,同时也为农村居民提供了更加繁荣的未来。

6.社会影响评估

社会影响评估是乡村规划设计中不可或缺的一部分,它关注设计方案如何影响居民的日常生活、社区结构、文化价值观以及社会关系。这一评估过程要求设计师深入考虑项目对乡村社会环境的综合影响,并采取相应的措施来提升正面影响,同时减少可能的负面影响。

(1)生活质量提升:设计师应确保设计方案能够改善居民的居住条件,提供必要的基础设施,如清洁的饮用水、可靠的电力供应、良好的卫生设施等。此外,设计方案还应考虑到居民的健康和安全,例如通过提供绿地和休闲空间来促进居民的身心健康。

(2)社区凝聚力增强:设计方案应促进社区成员之间的互动和合作,通过公共空间的设计来鼓励居民参与社区活动,如社区花园、文化活动中心等。这样的空间可以成为居民交流、学习和娱乐的场所,从而增强社区的凝聚力。

(3)文化认同与保护:乡村往往拥有丰富的文化遗产和传统习俗。设计师应尊重这些文化元素,并在设计方案中予以体现。这可能包括保护历史建筑、传统村落,以及在新的设计中融入当地的艺术。通过这样的方式设计出的方案不仅能够保护乡村的文化特色,还能够为居民提供一种文化认同感。

(4)社会关系影响:设计方案应考虑到不同社会群体的需求和利益,确保项目能够公平地惠及所有居民。这可能涉及对弱势群体的特殊考虑,如为老年人、儿童和残障人士服务的无障碍设计。同时,设计师还应关注设计方案可能引发的社会冲突,如土地征用、搬迁问题等,并提前制定解决方案。

(5)教育与培训:为了确保居民能够充分利用新设施和服务,设计师可以考虑在设计方案中融入教育和培训元素。例如,提供农业技术培训、手工艺工作坊等,帮助居民提升技能,增加就业机会。

(6)可持续性与社会责任:设计方案应强调可持续性原则,鼓励居民参与环境保护和资源管理。同时,设计师还应考虑项目的社会责任,确保项目在经济、社会和环境等方面都能实现平衡发展。

社会影响评估有助于在物质层面、精神层面、文化层面上提升乡村的整体福祉。这样的评估过程有助于构建更加和谐、包容和充满活力的乡村社区。

7.方案的公众参与和反馈

在乡村规划设计方案的制定过程中,设计人员应高度重视公众参与和反馈。这种参与不仅能够提高方案的透明度和公众的接受度,还能够增强大家的归属感和责任感。

（1）公众咨询会：组织定期的公众咨询会，邀请村民和其他利益相关者参与讨论。在这些会议上，设计师可以展示初步设计方案，解释规划理念，同时收集公众的意见和建议。这种直接的沟通方式有助于设计师了解公众的真实需求和关切点。

（2）展示会：举办展示会，向公众展示设计方案的视觉元素，如模型、图纸和效果图。这样的展示会可以吸引更多的公众参与，使他们能够直观地理解规划内容，并给出具体的反馈。

（3）问卷调查：设计并分发问卷，收集公众对设计方案的看法。问卷可以包括对特定设计元素的偏好、对项目可能带来的变化的预期以及对项目实施的担忧等。问卷调查可以提供量化的数据，帮助设计师进一步调整方案。

（4）社交媒体和在线平台：利用社交媒体和在线平台，如社区论坛、项目网站等，鼓励公众在线参与讨论。这种方式可以扩大参与范围，特别是吸引年轻一代和那些无法参加现场会议的居民。

（5）工作坊和创意活动：举办工作坊，让居民参与到具体的设计过程中来，如景观设计、公共艺术创作等。这种互动式的参与可以激发居民的创造力，同时也为设计方案增添本土特色。

（6）反馈循环：在收集到公众意见后，设计师应建立反馈循环机制，将公众的建议整合到设计方案中，并在适当的时候向公众展示调整后的方案。这种透明度和责任感的体现，有助于建立公众对项目的信任。

（7）持续沟通：在整个规划和实施过程中，设计师应持续与公众沟通，更新项目进展，回应公众关切。这种持续的沟通有助于维护公众的参与热情，确保项目始终符合社区的期望。

通过这些公众参与和反馈机制，设计师能够确保设计方案更加贴近农村居民的实际需求，同时也能够促进社区成员对项目的认同和支持。这样的参与过程不仅提高了方案的接受度，也为项目的顺利实施和长期运营奠定了坚实的基础。

8.方案的优化、完善与最终确定

在乡村景观规划设计的优化和完善阶段，设计师需要综合考虑环境影响评估、经济可行性评估、社会影响评估以及公众反馈的结果，对初步设计方案进行细致的调整。这一过程旨在确保设计方案不仅在理论上可行,而且在实际操作中能够实现预期目标,同时最大限度地满足农村居民和社区的需求。

(1)调整景观布局:根据环境影响评估的结果,设计师可能需要调整景观布局,以更好地保护生态敏感区域,同时创造和谐的自然景观。这可能涉及重新规划绿地系统、水体保护区域以及生态走廊等,确保自然生态系统的健康和完整。

(2)改进功能分区:经济可行性分析可能揭示出某些功能分区的经济效益不足或成本过高,在这种情况下,设计师需要重新考虑这些区域的用途,可以引入新的产业或活动来提高其经济价值,或者调整其规模和位置以降低成本。

(3)特色节点的增减:社会影响评估和公众反馈可能指出某些特色节点的重要性或受欢迎程度,设计师可以根据这些反馈增加新的特色节点,如文化广场、历史遗迹保护区等,或者调整现有节点的设计,以更好地满足居民的文化和休闲需求。

(4)优化交通流线:交通流线的设计直接关系到乡村的可达性和居民的日常生活,设计师需要确保交通系统既高效又安全,同时考虑到环境保护和居民出行的便利性。这可能包括改善道路设计、增加公共交通设施、设置自行车道和步行路径等。

乡村绿道

(5)综合考虑自然条件：在优化设计方案时,设计师应始终关注乡村的自然条件,如地形、气候和水文特征。这些条件将直接影响景观的可持续性,因此设计方案应与之相适应,利用自然条件的优势,减少对环境的负面影响。

(6)文化特色的融入：乡村的文化特色是其独特魅力的体现,设计师在优化方案时,应确保设计方案能够尊重并弘扬当地的文化传统,让文化成为乡村景观的一部分。

(7)满足居民期望和需求：公众反馈是优化设计方案的重要依据,设计师应确保最终方案能够满足居民的实际需求,如提供足够的公共服务设施、创造宜居的居住环境,以及提供丰富的文化和休闲活动。

经过多轮的优化和完善,最终确定的乡村景观规划设计方案将成为综合性的蓝图,它不仅可以展示乡村的自然美、文化韵味,还能体现对居民福祉和经济发展的深刻理解。这样的方案将为乡村的可持续发展提供坚实的基础,同时为居民创造更加和谐、美好的生活环境。

三、设计成果的评估与反馈

在乡村景观规划设计的过程中,评估与反馈是确保项目成功实施并持续改进的关键环节。这一阶段的工作不仅涉及对设计方案实施效果的评价,还包括对规划过程中的各个环节的反思,以便在未来的规划项目中取得更好的成果。以下是对乡村景观规划设计成果评估与反馈的详细阐述。

1.设计实施效果评估

评估设计实施效果是评估与反馈的核心内容,它包括对景观布局、功能分区、特色节点、交通流线、公共空间等设计方案的实施情况进行实地考察和评估。评估指标可能包括景观的美观度、功能性、可持续性、居民满意度等。

2.生态环境影响评估

乡村景观规划设计的一个重要目标是保护和改善生态环境。因此,评估设计方案对生态环境的影响是必要的,包括对植被恢复、水体质量、土壤保护、生物多样性等方面的评估。对比实施前后的生态环境数据,可以评价设计方案在生态保护方面的成效。

3.社会经济效益评估

乡村景观规划设计不仅要追求美学价值,还要考虑其对社会经济的贡献。评估设计方案对社会经济发展的影响,如旅游业的带动、农产品的增值、就业机会的增加等,是评估与反馈的重要部分。

4.文化传承与创新评估

乡村景观规划设计应尊重和传承当地文化,同时鼓励文化创新。文化传承与创新评估包括是否成功地将传统文化元素融入景观中,是否激发了乡村文化的新活力,以及是否增强了居民的文化认同感。

5.居民参与满意度调查

居民是乡村景观规划设计的直接受益者,他们的参与和满意度是评估项目成功与否的重要指标。通过问卷调查、访谈等方式,设计人员可以收集居民对设计方案实施效果的反馈,以及他们对规划过程中居民参与程度的满意度。

6.规划过程反思

除了对设计成果的评估,还应对整个规划过程进行反思,包括规划方法的选择、团队协作的有效性、公众参与的程度、信息沟通的畅通性等。总结规划过程中的成功经验和存在的问题,可以为未来的规划项目提供改进方向。

7.持续监测与调整

乡村景观规划设计是一个动态的过程,需要持续地监测和调整。通过定期的评估和反馈,设计人员可以及时发现问题,对设计方案进行必要的调整,以适应乡村发展的变化。

8.建立评估与反馈机制

为了确保评估与反馈工作的系统性和有效性,应建立一套完善的评估与反馈机制,包括评估时间的确定、评估方法的选择、数据收集和分析的流程,以及反馈信息的处理和应用。

分享评估和反馈结果,可以提高农村居民和相关工作人员对景观规划设计的认识,增强他们的参与意识和管理能力。

9.总结与报告

最后,将评估与反馈的结果整理成报告,总结经验教训,提出改进建议。这份报告不仅对当前的规划项目有指导意义,也为未来的乡村景观规划设计提供了宝贵的参考。

总的来说,乡村景观规划设计成果的评估与反馈是多维度、多层次的。它要求规划者不仅要关注设计的实施效果,还要对规划过程深入反思和总结。乡村景观规划设计成果的评估与反馈,可以不断提升乡村景观规划设计的质量,促进乡村的可持续发展。

第三节

不同视角下的乡村景观规划设计

一、生态学视角下的规划设计

在乡村景观规划设计中,生态学视角提供了一种全面、系统的方法来理解和塑造乡村环境。这种方法强调自然生态系统的完整性和稳定性,以及人类活动与自然环境之间的和谐共生。以下是从生态学视角出发,对乡村景观规划设计的详细探讨。

1.生态系统的整体性

在生态学视角下,乡村景观被视为一个复杂的生态系统,其中包含了多种生物群落和非生物环境要素。规划设计时,应考虑如何维持和增强生态系统的整体性,保护和恢复关键生态过程,如水循环、养分循环、能量流动等。

※ 乡村生态系统

2.生物多样性的保护

生物多样性是生态系统健康和稳定的重要指标。乡村景观规划设计应致力于保护生物多样性,包括保护珍稀物种的栖息地,维护和恢复自然植被,以及促进本地物种的多样性。

3.生态功能区的识别与保护

识别乡村中的生态功能区,如水源涵养区、生物多样性热点、土壤保持区等,并对这些区域进行特别保护。规划设计应避免对这些敏感区域的破坏,同时通过生态廊道和缓冲区的设置,连接不同的生态功能区。

4.土地利用的生态适宜性

在乡村景观规划设计中,应考虑土地利用的生态适宜性。这意味着应选择适合当地气候、土壤和水资源条件的土地利用方式,如适宜的农业种植、林业发展和自然保护等。

❋ 生态展示区

5.生态恢复与重建

对于已经受到破坏的乡村景观,生态恢复和重建是重要的设计任务。包括修复退化的生态系统,如退化的农田、荒山荒地等,以及重建被破坏的生态功能,如水源涵养、土壤保持等。

6.生态廊道与生物多样性走廊

生态廊道和生物多样性走廊是连接不同生态区域的自然或人工通道,对于物种的迁移具有重要意义。规划设计时应考虑建立或恢复这些生态廊道,以促进物种的自然扩散和生态系统的连通性。

7.生态风险评估与管理

在乡村景观规划设计中,应进行生态风险评估,识别可能对生态系统造成破坏的因素,如污染、入侵物种、过度开发等,并制定相应的风险管理策略。

8.生态教育与公众参与

生态教育和公众参与是实现乡村景观可持续发展的关键。规划设计时应规划生态教育设施,如自然教育中心、生态展示区等,建立鼓励居民参与生态保护和环境管理的机制。

9.生态监测与适应性管理

为了确保乡村景观的健康发展,应建立生态监测系统,定期评估生态系统的状态和变化。基于监测结果,实施适应性管理,对规划设计进行必要的调整。

10.整合生态学原则与社会经济因素

在乡村景观规划设计中,应整合生态学原则与社会经济因素,确保生态保护与乡村经济发展、居民福祉之间的平衡。这可能包括发展生态旅游、绿色农业等,以实现生态、经济和社会的多重效益。

总的来说,生态学视角下的乡村景观规划设计强调生态系统的整体性和动态性,注重生物多样性的保护,以及土地利用的生态适宜性。在实际规划设计中,设计师应将生态学原理与乡村的实际情况相结合,创造出既美观又生态友好的乡村景观。

二、社会学视角下的规划设计

在乡村景观规划设计中,社会学视角为我们提供了一个关注乡村社会结构、社会关系以及社会问题的独特视角。这种视角强调乡村景观不仅是自然环境的体现,更是社会文化和居民日常生活的载体。以下是从社会学视角出发,对乡村景观规划设计的详细探讨。

1.社区参与和民主决策

社会学视角强调社区居民在景观规划设计中的参与权和决策权。公众参与可以确保设计方案更贴近居民的实际需求和文化背景,同时也能够增强居民对规划成果的认同感和归属感。规划设计过程中应设计社区工作坊、公众咨询会等参与机制。

2.社会结构与功能分区

乡村社会结构的多样性要求景观规划设计考虑不同社会群体的需求。例如,老年人、儿童、残障人士等特殊群体可能需要特定的活动空间和设施。规划设计应合理划分功能区域,以满足不同社会群体的需求。

3.社会关系与公共空间设计

乡村景观中的公共空间是社会交往的重要场所,对维护和发展乡村的社会关系具有重要作用。规划设计应创造多样化的公共空间,如广场、公园、集市等,以促进居民之间的交流和增强社区凝聚力。

4.社会问题与景观干预

社会学视角关注乡村面临的社会问题,如贫困、教育不足、健康问题等,景观规划设计可以规划教育设施、医疗设施、休闲空间等,从而在一定程度上帮助解决这些问题。

5.社会资本与社区发展

社会资本,即社区内部的信任、规范和网络,对乡村的可持续发展至关重要。规划设计应促进社会资本的积累,如通过社区花园、合作社等项目,增强居民之间的合作和互助。

6.文化遗产与社会认同

乡村往往有着丰富的文化遗产,如传统建筑、传统工艺等。规划设计应尊重和保护这些文化遗产,同时通过文化活动和教育项目,增强居民的文化认同和社会凝聚力。

7.社会经济与景观经济

社会学视角下的乡村景观规划设计还应考虑经济因素,尤其是如何通过景观设计促进乡村经济发展,包括发展乡村旅游、特色农产品、手工艺品等产业,以及创造就业机会。

8.社会服务与设施规划

乡村景观规划设计应考虑提供必要的社会服务设施,如教育、医疗、交通设施等,以满足居民的基本需求,提高居民的生活质量。

9.社会变迁与适应性设计

乡村社会在不断变迁中,规划设计应具备一定的适应性,以应对人口变化、经济发展、技术进步等带来的挑战。设计应考虑未来的可变性,确保乡村景观的可持续性。

10.社会正义与公平性

社会学视角下的乡村景观规划设计还应关注社会正义和公平性问题,确保所有社会群体都能平等地享受到乡村景观带来的益处。因此,应特别关注对弱势群体的支持,以及资源分配的公平性。

总的来说,社会学视角下的乡村景观规划设计强调社会参与、社会关系、社会问题、社会资本、文化遗产、社会经济、社会服务、社会变迁、社会正义等多个方面。这种视角要求设计师在规划过程中充分考虑乡村的社会特性,创造出既美观又具有社会意义的乡村景观。这样的规划设计,不仅能够提升乡村的生活质量,还能够促进乡村社会的和谐与进步。

三、文化学视角下的规划设计

1.文化价值与景观认同

文化学视角强调乡村景观不仅仅是物理空间的布局,更是文化价值和历史记忆的体现。规划设计应尊重和挖掘乡村的文化传统,如地方民俗、历史遗迹等,将这些元素融入景观设计中,以增强农村居民的文化认同感和归属感。例如,可以通过修复和保护传统建筑、举办传统节日活动等方式,让乡村景观成为文化传承的载体。

2.文化多样性与景观融合

乡村往往拥有丰富的文化多样性,包括不同的语言、宗教、艺术和生活方式。在规划设计中,应考虑到这些多样性,通过创造包容性的公共空间和活动,促进不同文化群体的交流与融合。例如,可以设计多功能的社区中心,既能够举办当地传统节日活动,也能容纳外来文化的展示活动。

3.文化传承与教育

文化学视角下的乡村景观规划设计应重视文化传承和教育功能。可以建立乡村博物馆、图书馆、教育中心,提供文化教育和培训,使农村居民尤其是年轻一代能够了解本地文化。同时,这些设施也可以成为乡村景观的亮点,吸引更多的游客,从而促进当地经济发展。

∴ 乡村博物馆

4.文化创新与乡村发展

在尊重传统的同时,文化学视角也鼓励文化创新。乡村景观规划可以结合现代设计理念,创造出既具有地方特色又符合现代审美的景观。例如,可以利用当地传统材料和技术,结合现代设计手法,创造具有创新性的公共艺术作品或建筑。

5.文化景观与生态保护

文化学视角下的乡村景观规划设计还应关注文化景观与自然生态的和谐共生,包括保护乡村的自然景观,如河流、山脉、森林等,以及与之相关的文化实践,如农耕文化、渔猎文化等。生态友好的景观设计,可以促进乡村的可持续发展。

6.文化政策与规划实施

在实施乡村景观规划设计时,应考虑文化政策的导向作用。政府可以制定相关政策,支持乡村文化保护和文化创新项目,提供必要的资金和技术支持。同时,规划实施过程中应确保文化政策的连续性和稳定性,避免因政策变动而影响乡村景观的长期发展。

7.文化评价与反馈机制

为了确保乡村景观规划设计的有效性,应建立文化评价和反馈机制,包括定期对乡村景观的文化价值进行评估,收集居民和游客的反馈意见,以及对规划实施效果进行监测。这些信息可以用于调整和优化规划方案,确保乡村景观的持续改进。

8.文化冲突与调解

在乡村景观规划设计中,可能会遇到不同文化之间的冲突。文化学视角要求规划者具备调解冲突的能力,通过对话和协商,寻求文化共存的解决方案。这可能涉及公共空间的使用规则、文化活动的安排等方面。

9.文化自信与乡村形象

乡村景观规划设计应有助于提升乡村的文化自信,塑造积极的乡村形象。展示乡村的独特文化魅力,可以吸引外界的关注和投资,促进乡村的经济发展和文化繁荣。

总的来说,文化学视角下的乡村景观规划设计,要求我们从文化价值、多样性、传承、创新、生态保护、政策实施、评价反馈、冲突调解、文化自信等多个维度进行综合考虑。这样的规划设计不仅能够保护和弘扬乡村文化,还能够促进乡村社会的和谐与进步。

四、跨学科融合在乡村景观规划设计中的应用

1.跨学科合作的重要性

乡村景观规划设计是一项复杂的系统工程,涉及生态学、社会学、经济学、文化学、地理学等多个学科领域。跨学科合作能够整合不同学科的知识和方法,形成综合性的解决方案,更全面地应对乡村景观规划中的挑战。

2.生态学与景观规划的结合

生态学提供了关于自然生态系统运作的科学知识,对于理解乡村景观中的生态系统至关重要。在规划设计中,应考虑生态系统服务、物种多样性、生态廊道和生态敏感区域,确保乡村景观的生态可持续性。

3.社会学与乡村社区发展

社会学关注社会结构、社会关系以及社会问题。在乡村景观规划中,社会学的视角有助于理解居民的需求、社会资本的积累以及社会服务设施的配置,从而促进乡村社区的和谐发展。

4.经济学与乡村经济发展

经济学提供了分析和解释市场行为的理论和工具,对于指导乡村经济发展具有重要作用。在规划设计中,应考虑如何通过景观规划促进乡村旅游、特色农产品开发等经济活动,提高乡村的经济活力。

5.文化学与乡村文化保护

文化学关注文化传承、文化认同以及文化多样性。在乡村景观规划中,文化学的视角有助于保护和弘扬乡村的文化遗产,同时促进文化交流和文化创新。

6.地理学与乡村空间规划

地理学提供了关于地球表面特征和空间关系的科学知识。在乡村景观规划中,地理学的视角有助于合理布局乡村空间,优化土地利用,以及规划交通和基础设施。

7.现代科技

地理信息系统、无人机技术、遥感技术、数字建模、虚拟仿真、人工智能等,为乡村景观规划提供了新的工具和方法。跨学科合作可以促进这些技术在规划设计中的应用,提高规划的科学性和精确性。

8.政策制定与规划实施

政策制定是乡村景观规划实施的重要保障。跨学科团队可以为政策制定提供多元化的建议,确保政策的科学性和有效性。同时,跨学科合作也有助于规划的顺利实施,因为不同学科的专家可以提供各自领域的专业支持。

9.教育与公众参与

教育和公众参与是乡村景观规划成功的关键因素。跨学科合作可以提供丰富的教育资源,提高公众对乡村景观规划的认识和参与度。公众参与可以确保规划更贴近居民的实际需求和文化背景。

10.监测与评估

跨学科团队可以建立综合的监测和评估体系,对乡村景观规划的实施效果进行定期评估。这种评估不仅应关注生态和经济指标,还应关注社会和文化层面的指标,以确保规划的全面可持续性。

总的来说,跨学科融合下的乡村景观规划设计要求我们从生态、社会、经济、文化、地理等多个维度进行综合考虑。通过跨学科合作,我们可以更有效地解决乡村景观规划中的各种问题,创造出既美观又具有社会意义的乡村景观,同时促进乡村的可持续发展。这种综合性的规划设计不仅能够提升农村居民的生活质量,还能够促进乡村社会的和谐与进步。

第四节

乡村景观规划设计的创新理念与方法

一、乡村景观规划设计的新理念

　　随着社会经济的发展和人们对美好生活环境的追求,乡村景观规划设计正逐渐成为推动乡村振兴的重要手段。在这一过程中,新的理念和方法不断涌现,为乡村景观的规划与设计注入了活力。下面将探讨当前乡村景观规划设计中的新理念,以期为相关实践提供理论指导和参考。

❋　雨水花园

1.生态优先,可持续发展

在乡村景观规划设计中,生态优先已成为核心原则。在规划设计过程中,应充分考虑自然生态的保护和恢复,确保乡村景观的可持续发展。设计师需要在尊重自然规律的基础上,合理利用和保护自然资源,实现人与自然的和谐共生。这包括保护乡村的原生植被、水体和土壤,以及使用生态工程技术改善乡村环境,如采用雨水花园、生态廊道等设计手法,提升乡村生态系统的自我调节能力。

2.文化传承,地域特色

乡村景观不仅仅是自然和人工环境的结合,更是地域文化和历史的载体。因此,在规划设计中,应注重挖掘和传承乡村的历史文化,体现地域特色。设计师可以通过保护和修复传统建筑、村落格局,以及设计公共空间等方式,让乡村景观成为传统文化的展示窗口。同时,应鼓励村民参与乡村景观的规划设计,以确保乡村景观的生命力。

3.社区参与,共治共享

乡村景观规划设计不是单向的规划过程,而是需要广泛吸纳村民、社区组织以及相关利益方的意见和建议。这种参与式规划方法能够确保乡村景观规划设计更加贴近村民的实际需求,促进社区的共治共享。社区参与式规划,可以提高村民对乡村景观规划设计的认同感和归属感,同时也能够激发村民参与乡村建设的积极性,形成持续的乡村发展动力。

4.多功能整合,综合利用

在乡村景观规划设计中,应追求多功能的整合和综合利用。这意味着乡村景观不仅要满足居民的生活需求,还要兼顾农业生产、生态保护、旅游休闲等多种功能需求。设计师可以使用创新的空间布局和设计手法,实现乡村景观的多功能性,如将农田转化为兼具生产和休闲功能的农业公园,或是在村落周边建立生态教育基地,这样既丰富了乡村景观的内涵,也提高了乡村的经济活力。

5.科技融合,智慧乡村

随着科技的进步,乡村景观规划设计也应融入现代科技元素。引入物联网、大数据、人工智能等技术,可以提升乡村景观的智能化水平,实现对乡村环境的实时监测和动态管理。例如,利用智能灌溉系统优化农田水资源利用,或是利用智能路灯系统节约能源。

乡村景观规划设计的新理念,体现了对自然、文化、社区、功能和科技的综合考量。在实际工作中,设计师应将这些理念融入乡村景观的每一个细节中,创造出既美观又实用、既生态又文化、既智慧又共享的乡村景观。这样的乡村景观不仅能够提升农村居民的生活质量,还能够吸引外来游客,促进乡村经济的发展,实现乡村的全面振兴。

社区参与,共治共享

文化传承,地域特色

多功能整合,综合利用

生态优先,可持续发展

科技融合,智慧乡村

❋ 乡村景观规划设计的新理念

二、乡村景观规划设计中的新技术和新方法

1.乡村景观规划设计中的新技术

随着科技的飞速发展,乡村景观规划设计领域也在不断地引入和应用新技术,这些技术不仅提高了规划与设计的效率,也极大地丰富了乡村景观的表现形式和功能。下面将探讨在乡村景观规划设计中应用的一些关键新技术,以及它们如何推动乡村景观的现代化和智能化。

(1)地理信息系统(GIS)

地理信息系统(GIS)是一种用于捕捉、存储、分析、管理和展示地理数据的计算机系统。在乡村景观规划设计中,GIS可以帮助规划者和设计师更好地理解乡村的自然地理特征、土地利用状况、交通网络等信息。利用GIS可以进行空间分析,如缓冲区分析、叠加分析等,以辅助决策,确保规划的科学性和合理性。此外,GIS还可以与遥感技术结合,实时监测乡村景观的变化,为动态规划提供数据支持。

(2)遥感技术(RS)

遥感技术是通过卫星、无人机等平台获取地球表面信息的技术。在乡村景观规划设计中,遥感技术可以提供高分辨率的图像数据,帮助规划者从宏观角度审视乡村景观的现状和变化趋势。遥感数据可以用于土地利用分类、植被覆盖度评估、水体分布分析等,为规划设计提供准确的基础数据。同时,遥感技术还可以用于监测乡村景观的动态变化,如森林覆盖率的变化、农田的种植结构调整等。

(3)虚拟现实(VR)

虚拟现实(VR)技术作为一种革命性的创新手段,正逐渐改变我们与世界互动的方式。通过VR技术,我们可以构建高度逼真的乡村景观模拟环境。这个环境可以精确复制现实中的自然风光、建筑风格甚至是当地的气候条件,让参与者仿佛置身于真实的乡村之中。这种沉浸式体验使得游客能够在不离开家门的情况下,就能享受到乡村的宁静与美丽,感受四季更迭带来的不同景致。

在乡村旅游规划方面,VR技术可以帮助规划者和投资者在项目实施前,通过模拟不同的设计方案,直观地评估其对乡村景观的影响。这样,可以更科学地进行资源配置,确保旅游开发与乡村的自然、文化环境相协调,避免过度开发带来的破坏。

对于历史文化村落的保护,VR技术同样发挥着重要作用。使用数字化手段,可以将这些村落的建筑、文物、民俗等元素进行三维建模,创建出虚拟的历

史文化空间。这不仅有助于文化遗产的长期保存,还能让更多人在虚拟世界
中学习和体验这些珍贵的历史文化,从而增强公众对文化遗产的保护意识。

此外,VR技术还可以用于教育和研究。学生和研究人员可以通过虚拟现
实平台,进行实地考察式学习,深入了解乡村的地理、生态、社会结构等多维度
信息。这种互动的学习方式,能够极大地提高学习效率和兴趣。

(4)建筑信息模型(BIM)

建筑信息模型(BIM)是一种集成了建筑项目所有相关信息的数字化模型。
在乡村景观规划设计中,BIM可以帮助设计师创建精确的建筑和景观模型,实
现多学科协作,提高设计质量和效率。BIM模型可以用于模拟乡村景观的日
照、风向、视线等环境因素,为设计提供科学依据。同时,BIM还可以支持施工
过程的模拟和管理,确保规划设计方案的有效实施。

(5)智能灌溉与农业物联网

智能灌溉系统和农业物联网技术在乡村景观规划设计中也有重要应用。
通过传感器监测土壤湿度、温度等参数,智能灌溉系统可以自动调节灌溉量和
时间,实现水资源的高效利用。农业物联网技术则可以实现对农田的远程监
控和管理,提高农业生产的智能化水平。这些技术的应用不仅有助于提升农
业生产效率,也有助于保护和改善乡村景观。

(6)生态工程技术

在乡村景观规划设计中,生态工程技术可以通过模拟自然生态系统实现
对环境的修复和保护。例如,生态护坡技术可以利用植物根系固定土壤,防止
水土流失;人工湿地可以净化水质,提供生物栖息地。这些技术的应用有助于
构建更加健康、稳定的乡村生态系统。

新技术的应用为乡村景观规划设计带来了革命性的变化。通过GIS、遥
感、VR、BIM、智能灌溉、农业物联网以及生态工程技术等,规划者和设计师能
够更加科学、高效地进行乡村景观的规划设计。这些技术不仅提升了乡村景
观的功能性和美观性,也促进了乡村景观的可持续发展。随着科技的不断进
步,未来乡村景观规划设计将更加智能化、人性化。

2.乡村景观规划设计中的新方法

在乡村振兴战略的推动下,乡村景观规划设计正面临着前所未有的发展机遇。为了适应这一变化,规划设计者们不断探索和实践新的方法,以期创造出既符合乡村特色又能满足现代生活需求的乡村景观。下面将探讨在乡村景观规划设计中应用的一些新方法,以及它们如何促进乡村景观的创新与发展。

(1)参与式设计方法

参与式设计方法强调规划过程中的公众参与,尤其是当地居民的直接参与。这种方法认为,乡村景观的规划与设计应充分考虑居民的需求和意愿,通过工作坊、讨论会等形式,让居民参与到规划设计的各个阶段。这种方法不仅能够提高规划的接受度和实施的成功率,还能够增强社区凝聚力,激发居民对乡村发展的责任感和归属感。

(2)生态景观规划方法

生态景观规划方法强调在规划设计中融入生态学原理,以实现乡村景观的生态功能和美学价值的双重提升。这种方法关注乡村景观的自然生态系统,如水源保护、生物多样性维护、土壤肥力提升等。通过生态廊道的构建、本土植物的种植、绿色基础设施的设置等手段,生态景观规划方法旨在创建既美观又具有生态服务功能的乡村环境。

(3)文化景观保护与再利用方法

文化景观保护与再利用方法强调对乡村历史文化遗产的保护和创新性利用。这种方法认为,乡村景观的规划设计应尊重和继承乡村的历史文脉,同时通过现代设计手法对其进行再创造,使之成为乡村发展的独特资源。这包括对传统村落的修复、传统建筑的保护性改造、非物质文化遗产的展示等,旨在通过文化景观的保护与再利用,提升乡村的吸引力和村民对乡村的认同感。

(4)景观连通性规划方法

景观连通性规划方法关注乡村景观之间的联系和互动,强调通过景观走廊、生态绿道等设计元素,构建连续的、多功能的乡村景观网络。这种方法不仅有助于保护和恢复乡村生态系统,还能够促进乡村之间的经济和文化交流,提高农村居民的生活质量。

（5）景观绩效评估方法

景观绩效评估方法是一种以结果为导向的规划设计方法,它强调在规划设计的各个阶段进行评估,以确保乡村景观的质量和效果。这种方法通过设定明确的景观目标和绩效指标,对规划设计的实施效果进行监测和评价。使用这种方法,规划设计者可以及时发现问题并进行调整,确保乡村景观的持续改进。

（6）可持续材料与技术应用方法

可持续材料与技术应用方法强调在乡村景观规划设计中采用环保、节能、可再生的材料和相应的技术。这种方法倡导使用本地材料和传统工艺,减少对环境的负面影响。例如,采用太阳能照明、雨水收集系统等绿色技术,不仅能够降低乡村景观的运营成本,还能够提升生态乡村的整体形象。

乡村景观规划设计的新方法体现了对居民参与、生态保护、文化传承、景观连通性、绩效评估和可持续性的高度关注。这些方法的应用,不仅能够提升乡村景观的规划质量,还能够促进乡村的经济发展、社会和谐。随着乡村景观规划设计实践的不断深入,相信未来将会出现更多创新的方法,为乡村的可持续发展提供强有力的支持。

第三章
村镇公园规划设计

- ⊙ 村镇公园规划设计基础
- ⊙ 村镇公园景观特色塑造
- ⊙ 村镇公园设施建设与维护管理
- ⊙ 村镇公园规划设计案例

村镇公园规划设计基础

一、村镇公园选址与环境分析

村镇公园作为乡村景观的重要组成部分,其选址与环境分析对于确保公园的功能性、美观性和可持续性至关重要。本节将探讨村镇公园选址的原则、环境分析的方法,以及如何结合这些原则和方法进行有效的公园规划。

1.村镇公园选址原则

村镇公园的选址应遵循以下原则,以确保公园能够满足居民的需求并融入乡村的整体环境。

(1)居民可达性

村镇公园的选址对于提升居民的生活质量和社区的整体环境具有重要意义。将公园设在居民区附近,不仅能够方便居民在日常生活中轻松地步行或骑行前往,还能够鼓励他们参与更多的户外活动,从而促进居民之间的交流。这样的设计有助于形成健康的生活习惯,减少对汽车的依赖,降低碳排放,同时也能为居民提供一个亲近自然、放松身心的好去处。

(2)生态敏感性

在村镇公园选址过程中,确保公园的建设不会对生态系统造成不可逆转的损害,是实现可持续发展的关键。在选址上应避免生态敏感区域,如湿地、水源保护区、珍稀物种栖息地等,保持这些区域的生物多样性和生态平衡。这些区域往往具有独特的生态价值,对于维持区域生态健康和提供生态服务至关重要。

在避免生态敏感区域的同时,应选择具有生态恢复潜力的区域,如废弃农田、荒地或曾经遭受过人为破坏的土地,为公园的建设带来额外的环境效益。比如,可以实施生态修复措施,如植树造林、土壤改良、水体净化等,从而恢复和增强这些区域的生态功能。这样的做法不仅有助于改善当地生态环境,还能够提升土地的利用价值,为居民提供更加宜居的环境。

在公园的设计中,应采用生态友好的景观设计原则,如使用本地植物、设置雨水花园、建立生态廊道等,以减少对环境的负面影响,并增强公园的生态服务功能。这些设计策略有助于改善公园的生物多样性,同时也为居民提供一个接触和学习自然的机会。

此外,在公园的建设和管理过程中,应注重环境教育和公众参与。可以采用设置解说牌、举办生态教育活动等方式,增强公众对生态保护的意识,鼓励居民参与公园的生态保护工作。这样不仅能够确保公园的长期可持续发展,还能够培养居民的环保意识,形成全社会共同参与生态保护的良好氛围。

(3)土地利用效率

在村镇公园的规划与建设中,土地利用效率是一个关键考量因素。优先选择土地利用效率低的区域,如废弃的工业用地、荒芜的土地或者城市边缘的未开发地块,可以有效避免对现有高效利用的土地的侵占,同时为公园的建设提供广阔的空间。这样的策略有助于实现土地资源的优化配置,提升土地的整体价值。

废弃的工业用地通常具备一定的基础设施,如道路、水电供应等,这些基础设施可以为公园的建设提供便利,减少初期投入成本。同时,这些区域往往位于城市边缘,具有较大的扩展潜力,可以随着城市的发展逐步融入城市景观,成为城市绿肺,改善城市微气候,提升居民的生活质量。

荒芜的土地可能因为缺乏管理和维护而逐渐退化,将其转变为公园,不仅能够恢复土地的生态功能,还能够为野生动物提供栖息地,改善生物多样性。这样的转变不仅有助于提升土地的生态服务价值,而且可以为居民提供户外活动的场所。

在改造这些低效利用的土地时,应采取可持续的设计和建设方法,如采用绿色建筑技术、雨水收集系统、太阳能照明等,以减少公园运营过程中的能源消耗和对环境的影响。此外,公园的设计应注重与周边环境的和谐共生,可以设置生态廊道、绿色屋顶等,促进生态连通性,增强生态系统的整体健康。

(4)文化与历史价值

在村镇公园的规划与建设中,充分挖掘和利用当地的文化与历史价值,不仅能够丰富公园的内涵,还能够增强乡村的吸引力。选择具有历史文化价值的地点作为公园的一部分,是对传统文化遗产的一种尊重和保护,同时也是对乡村记忆的一种传承。

在公园的设计中,可以将当地的历史故事、民俗传说、艺术风格等融入景观设计,通过雕塑、壁画、解说牌等,让游客在游览的同时了解和感受乡村的历史脉络。例如,可以保留和修复一些具有历史意义的古树、古井、石桥等,这些自然和人文景观是连接过去与现在的桥梁,具有很好的观赏价值。

❋ 景观雕塑

❋ 乡村古树

传统建筑如庙宇、祠堂、古宅等,如果条件允许,可以经过适当的修复和改造,成为公园内的文化展示区或活动中心。这些建筑不仅能够作为文化活动的举办场所,还能够作为教育和研究的基地,让年轻一代了解乡村的历史。

公园内还可以设立专门的文化活动区域,如民俗表演广场、手工艺展示区等,定期举办各类文化节庆活动,如庙会、传统节日庆典等,让传统文化在现代生活中得以延续和发扬。这样的活动不仅能够吸引游客,还能够促进当地文化产业的发展,带动乡村经济发展。此外,公园的设计还应避免对历史文化遗址造成破坏。在保护的前提下,合理利用这些遗址,让它们在新的功能中焕发生机,成为乡村文化的新地标。

(5)综合规划

村镇公园的选址应与村镇的整体规划相协调,具体规划时,应充分考虑交通、基础设施、生态敏感性、土地利用效率和文化与历史等因素,确保村镇公园的建设能够与周边环境和谐共存。

2.环境分析

环境分析是指在选址之后对选定区域的环境进行详细分析,具体包括以下几个方面。

(1)地形地貌分析

在村镇公园的规划设计过程中,地形地貌分析是至关重要的一步。地形起伏、坡度、土壤质地等自然条件对公园的功能性、美观性和可持续性都有着深远的影响。以下是这些因素如何具体影响公园规划的一些考虑点。

地形起伏:地形的高低变化可以为公园创造丰富的视觉效果和多样的游览体验。设计师可以利用自然起伏的地形来设置观景点、步道和休息区,同时也可以利用地形的高低差来设计水景,如瀑布、溪流等。此外,地形起伏还可以作为自然屏障,为公园内的特定区域提供私密性。

坡度:坡度的大小直接影响到公园的可达性和安全性。较陡的坡可能需要特别的步道设计,如设置扶手、台阶或坡道,以确保游客的安全。同时,坡度也影响植被的选择,陡坡上可能更适合种植根系发达、能够防止水土流失的植物。

土壤质地:土壤的肥沃程度、排水能力和酸碱度等特性决定了适宜种植的植物种类。例如,砂质土壤适合耐旱植物,而黏质土壤则适合需要较多水分的植物。了解土壤条件有助于选择适宜的植被,保证植物的健康生长,同时也能减少后期的维护成本。

地形地貌分析为景观设计提供了基础,设计师可以根据地形特点设计出自然流畅的路径、层次分明的景观区域以及与地形相协调的水体。这样的设计不仅美观,还能提高公园的生态价值,如通过地形起伏来引导雨水流向,形成自然的雨水收集和过滤系统。

了解地形和土壤条件对于设计有效的排水系统至关重要,合理的排水设计可以防止积水和侵蚀,保护公园内的植被和设施。在陡峭的斜坡上,可能需要设置梯田或植被覆盖来减缓水流,而在平坦区域,则可以设计更复杂的排水沟和蓄水池。

植被的选择应与地形地貌相适应。在坡度较大的地方,选择根系发达的植物有助于固定土壤,防止滑坡。而在平坦区域,可以选择更多样化的植物,创造丰富的生态景观。

(2)水文条件分析

水文条件分析是村镇公园规划中不可或缺的一环,在进行水文条件分析时,以下几个方面需要特别关注。

地下水位:了解地下水位的高低对于公园的排水系统设计、植被选择以及土壤稳定性维持至关重要。高地下水位可能导致植物生长不良,而低地下水位则可能需要额外的灌溉系统。公园的设计应避免对地下水资源的过度开采,以维持地下水的可持续利用。

河流流向:河流是水文循环的重要组成部分,其流向对于公园内的水体布局和景观设计有着直接影响。在规划时,应考虑河流的自然流向,避免对其造成不必要的干扰。同时,河流的水质状况也应纳入考量,确保公园内的水体清洁,为野生动植物提供良好的生存环境。

洪水风险:洪水是自然水文现象,可能对公园的安全性构成威胁。在规划阶段,应评估公园所在区域的洪水风险,设计防洪措施,如设置防洪堤、建立蓄洪区等。这些措施可以在洪水来临时保护公园设施和游客安全。

　　水体利用:水体是公园景观设计中的重要元素,可以为公园增添活力和美感。设计师可以利用现有的水体,如河流、湖泊或人工水景,创造特色景观。例如,可以设计人工湿地来净化水质,同时提供教育和观赏价值。水体还可以用于灌溉,减少对地下水的依赖。

　　雨水管理:雨水是宝贵的自然资源,公园应采用雨水收集和利用系统,如雨水花园、渗透沟渠等,以减少径流,降低洪水风险,并为公园提供灌溉水源。

乡村水景

生态连通性：水文条件分析还应考虑水体在生态系统中的作用，确保公园内的水体与周边环境形成生态连通。这有助于维持生物多样性，促进物种的自然迁徙和繁衍。

(3)植被状况

评估现有植被类型、分布和健康状况，可以为公园的绿化和生态恢复提供依据。保护和利用现有的植被资源，可以减少建设成本并促进生态多样性。

植被类型识别：对于一个区域的植被状况评估，需要对现有的植被类型进行分类，包括了解该地区的主要植物群落，如森林、草地、湿地等，以及它们各自的特征和生态功能。识别植被类型时，需要考虑植物的形态、生长习性、生态适应性以及它们在生态系统中的作用。例如，某些植物可能对土壤保持和水源涵养有重要作用，而其他植物可能是重要的食源或栖息地。

植被分布调查：分布调查需要使用地理信息系统(GIS)等工具来绘制植被分布图。这有助于了解植被在空间上的分布模式，以及它们如何受到地形、土壤、水源等因素的影响。分析植被分布时，还需要考虑人类活动对植被的影响，如农业、城市扩张等，这些活动可能导致植被破碎化或退化。

植被健康状况评估：植被的健康状况可以通过多种指标来评估，包括生物量、物种多样性、植物生长状况、病虫害情况等。使用遥感技术和现场调查相结合的方法，可以更准确地监测植被的生长状况和生态服务功能。例如，利用分析植被指数(如归一化植被指数 NDVI)可以评估植被的生长活力。

绿化和生态恢复规划：了解植被的类型、分布和健康状况后，可以制定相应的绿化和生态恢复策略，这可能包括种植适宜的植物、恢复退化的生态系统、建立生态走廊等。规划时，应考虑植被的可持续性，确保新种植的植被能够适应当地的环境条件，并与现有的生态系统和谐共存。

成本效益分析：保护和利用现有植被资源可以显著降低绿化和生态恢复的成本。例如，选择适应性强、维护成本低的本土植物，可以减少后期的养护费用。同时，生态多样性的提高可以增强生态系统的抵抗力，减少对外部干预的依赖，从而实现长期的生态平衡。

(4)气候条件

气候条件对于村镇公园的设计、规划和管理具有深远的影响。在考虑公园的使用和活动安排时,必须充分考虑以下气候因素。

温度:温度是影响公园舒适度和游客活动选择的关键因素。在高温季节,公园可能需要提供更多的阴凉区域,如树荫、遮阳棚,并使用喷雾降温设施,以带给游客舒适的感受。在寒冷季节,公园可能需要考虑提供取暖设施,如户外火炉或加热灯,以及确保步道和游乐设施在冰雪天气中的安全使用。

降水:降水量和频率会影响公园的排水系统设计。在多雨地区,需要确保公园有良好的排水系统,以防止积水和泥泞,同时保持土壤的湿润,有利于植物生长。公园内的活动设施,如露天剧场、运动场等,可能需要考虑防水或快速烘干的设计,以便在雨后迅速恢复使用。

风向:风向对于公园内的空气质量和微气候有显著影响。公园的设计应考虑风向,以减少风对游客的不适感,同时利用风来促进空气流通和热量散发。在风大的地区,可能需要选择抗风性强的植物种类,以保持景观的稳定和美观。

日照:日照对于公园内的植物生长和游客体验同样重要。在规划时,设计人员应考虑如何最大化日照,同时提供足够的阴凉区域,以适应不同天气条件下的游客需求。公园内的照明设计也应考虑日照变化,确保在日落后公园依然安全且吸引人。

季节性变化:季节性气候变化会影响公园的开放季节和活动安排。例如,春季可能是赏花的最佳时期,而冬季可能更适合举办冰雪节等活动。公园的维护计划应根据季节变化调整,确保植物在不同季节得到适当的照料,同时为游客提供适宜的活动。

极端气候事件:热浪、暴雨、暴风雪等极端气候事件,对公园的影响不容忽视。公园应有应急预案,以应对这些事件,确保游客安全和设施完好。

在公园设计中融入气候适应性原则,如使用耐候性强的材料、设计可调节的遮阳和通风结构,以及选择适应当地气候的植物种类,可以提高公园的可持续性。

（5）社会经济分析

社会经济分析是村镇公园规划和设计过程中不可或缺的一部分，它有助于确保公园项目能够与当地社区的经济活力、人口特征和居民期望相协调。

经济状况分析：分析当地的经济发展水平、产业结构和就业情况。经济状况良好的地区可能有更多的资源投入公园的建设和维护中，而经济相对落后的地区则需要设计成本效益更高的解决方案。公园的规划设计应考虑如何促进当地经济发展，例如带动当地旅游业发展、提供就业机会或促进当地农产品的销售。

人口结构研究：分析社区的人口年龄分布、家庭结构和教育水平，有利于设计出更符合居民需求的公园设施。例如，年轻家庭可能需要更多的儿童游乐设施，而老年人可能更倾向于喜欢安静的休闲空间。人口流动性也是一个重要因素，了解居民的迁移趋势可以帮助预测公园的使用频率和高峰期，从而合理规划公园的开放时间，提供相应的服务。

居民需求调查：采用问卷调查、社区会议等形式，收集居民对于公园的具体需求和期望。这些信息对于确定公园的功能分区、活动类型和设施配置至关重要。居民的需求可能包括休闲、运动、社交、教育和文化活动等，公园设计应尽可能满足这些多样化的需求。

生活方式考量：公园的设计应考虑当地居民的生活方式。例如，如果当地居民喜欢户外活动，公园可以提供更多的户外健身设施和野餐区域；如果居民重视文化活动，可以规划艺术装置和表演空间。公园的开放时间、照明和安全措施也应考虑居民的生活习惯，确保公园在不同时间段都能安全使用。

文化特点尊重：村镇公园的设计应尊重并体现当地的文化和历史，比如使用本土材料、融入传统元素或展示当地艺术等。可以在公园举办传统节日活动，增强社区凝聚力和文化认同感，从而让公园成为展示当地文化和传统的平台。

（6）环境影响评估

环境影响评估是确保村镇公园建设项目与自然环境和谐共存的关键步骤，这需要设计人员对项目可能产生的各种环境影响进行全面分析，并提出相应的解决措施。

生态系统影响评估：在村镇公园建设前，需要对项目区域的生态系统进行全面调查，包括野生动植物种类、栖息地状况、水文条件和土壤质量等。应分析建设活动可能对这些生态系统造成的破坏，如栖息地丧失、生物多样性下降、水体污染和土壤侵蚀等。评估结果将指导公园设计，尽量减少对生态系统造成的负面影响。例如，可以保留关键生态区域、采用生态友好的建筑材料和施工方法等。

栖息地保护与恢复：如果村镇公园建设不可避免地影响了某些栖息地，应制定栖息地保护和恢复计划，这可能包括创建人工湿地、设置生态走廊和恢复原生植被。对于受威胁的物种，可能需要实施特定的保护措施，如设立保护区、进行物种监测和开展繁殖计划。

土壤和水资源管理：评估公园建设对土壤结构和水资源的影响，确保施工过程中不会加剧土壤侵蚀和水土流失。设计合理的排水系统和雨水收集设施，可以减少对周边水体的污染，并提高水资源的利用效率。

噪声影响评估与控制：对村镇公园内可能产生的噪声进行评估，包括游乐设施、活动区域和人流密集区的噪声水平。设计人员应通过合理规划公园布局、设置隔音屏障等方式来减轻噪声对居民的影响。在必要时，可以选用低噪声的游乐设备和活动设施，或者在活动安排上错开休息时段，以减少噪声干扰。

环境监测与持续管理：在村镇公园建设和运营过程中，应建立环境监测机制，定期检查生态系统、土壤和水质状况，确保环境影响得到有效控制。实施环境友好的维护管理措施，如使用有机肥料、减少化学杀虫剂的使用，以及推广垃圾分类和回收。

公众参与：鼓励公众参与环境影响评估过程，通过公众咨询会、信息公开等方式，收集公众意见，提高项目的透明度和接受度。在村镇公园内设置教育展示区，提高公众对生态保护和可持续发展的认识，培养居民的环保意识。

二、村镇公园布局的原则与方法

村镇公园的布局设计是乡村景观规划中的关键环节，它不仅关系到公园的美观度，还直接影响到公园的功能性和居民的使用体验。下面将探讨村镇公园布局的原则、方法。

1.村镇公园布局的原则

村镇公园的布局应遵循以下原则,以确保公园与乡村环境和谐共存。

(1)顺应自然地形

顺应自然地形在村镇公园布局中是一项重要的设计原则,它强调的是在规划和建设过程中,最大限度地保留和利用现有的自然地貌特征,如河流、湖泊、山丘、植被等,以此来创造和谐、可持续的休闲空间。这种设计方法不仅能够减少对自然环境的破坏,还能提升公园的生态价值和美学吸引力。在实际应用中,顺应自然地形的布局策略可以包括以下几个方面。

地形分析与评估:在规划初期,对现有地形进行全面分析,识别出地形的高点、低点、坡度、水流方向等关键特征,以及可能的生态敏感区域,这有助于确定公园的主要功能区域和路径布局。

生态保护与恢复:在设计过程中,应优先考虑保护和恢复生态系统,比如保留原生植被,恢复河流的自然流线,以及为野生动物提供栖息地。这样可以增强公园的生物多样性,同时也为游客提供观察自然的机会。

最小化土方工程:在建设过程中,应尽量减少对地形的大规模改造,避免不必要的挖掘和填土。这可以巧妙地利用现有地形来设计道路、步道和设施,或者采用柔性的景观设计方法,如使用生态护坡、雨水花园等,减少对土壤和水文的影响。

水文管理:顺应自然地形的公园设计还应考虑水文管理,确保雨水能够有效地渗透和循环,减少径流,防止水土流失,比如可以规划湿地、雨水花园等来实现。

(2)功能分区明确

在村镇公园规划中,合理划分不同的功能区域,可以使公园的空间利用更加合理,同时也能提升游客的体验。

休闲区:休闲区是村镇公园中供人们放松和享受自然风光的区域。公园休闲区可以设置长椅、凉亭、观景台等设施,还可以精心设计花坛和草坪。休闲区的设计应注重创造宁静的氛围,让游客可以在忙碌的生活中找到一片宁静之地,享受阅读、冥想或是与家人朋友共度休闲时光。

运动区:为了满足居民的健身需求,公园内应设立专门的运动区。这个区域可以建设篮球场、足球场、网球场、健身道、儿童游乐场等。运动区的设计应考虑到安全性和多功能性,确保不同年龄和运动水平的人都能找到适合自己的活动空间。

文化展示区:文化展示区是村镇公园中用于举办各类文化活动和艺术展览的区域。这里可以设置舞台、展览馆、文化长廊等设施,用于展示当地的历史、艺术和民俗。文化展示区不仅可以丰富公园的文化生活,也能为居民提供学习和交流的平台。

生态教育区:生态教育区旨在提高公众对自然环境的认识和保护意识。这个区域可以规划生态花园、自然观察点、解说牌等设施。通过互动式的教育活动和解说,游客可以学习到关于植物、动物和生态系统的知识。

儿童游乐区:专为儿童设计的游乐区,应规划各种安全、有趣的游乐设施,如滑梯、秋千、攀爬架等。这个区域的设计应考虑到儿童的安全和成长需求,同时鼓励他们在玩耍中锻炼身体和提升社交技能。

安静区:在村镇公园中设立安静区,为那些寻求独处或需要沉思的游客提供宁静的环境。这个区域可以设置在公园较为隐蔽的位置,周围种植乔木和灌木,以提供良好的隔音效果。

服务设施区:提供包括洗手间、饮水点、小卖部、急救站等必要的服务设施,这些区域的设置应方便游客使用,同时与公园的整体风格和谐统一。

通过这样的功能分区,公园能够更好地满足不同群体的需求,为居民提供多功能、多用途的公共空间。这样的设计不仅能提升公园的使用效率,也能增强公园作为社区中心的凝聚力,从而促进居民之间的互动和社区的和谐发展。

(3)可达性与连通性

可达性与连通性在村镇公园的设计中是关键因素,它们直接影响着公园的实用性和吸引力。

入口设计:公园的入口应设置在易于识别且方便到达的位置,如靠近主要道路、公共交通站点或居民区。入口的设计应简洁明了,并提供清晰的导向标识,确保游客能够轻松找到并进入公园。此外,入口区域应有足够的空间供游客集散,还应有必要的停车设施。

主要路径规划:公园内的主要路径应设计为宽敞、平坦且易于行走的,以适应不同年龄和不同身体状况的游客。这些路径应连接公园内的主要景点和设施,如休闲区、运动区、文化展示区等。路径的设计应考虑到无障碍通行,确保行动不便的人士也能方便地游览公园。

内部路径网络:除了主要路径,公园还应构建密集的内部路径网络,这些小径可以穿梭于树木、花坛和水体之间,为游客提供多样化的游览路线。这些小径不仅增加了公园的探索性和趣味性,也有助于分散人流,减少拥挤。

导向系统:公园内应设置清晰的导向系统,包括地图、指示牌和信息板。这些导向标识应分布在公园的各个关键节点,帮助游客了解公园布局,找到他们感兴趣的区域或设施。

多模式交通连接:公园应与周边的步行、自行车和公共交通系统良好连接,鼓励游客采用多种出行方式到达公园。比如,可以在公园门口设置自行车停放点,设计与公共交通站点直接连接等。

一个村镇公园,其良好的可达性和连通性将极大地提升游客的体验,使公园成为社区活力的重要源泉。通过这些设计,村镇公园不仅能够成为居民日常休闲的去处,还能吸引外地游客,促进当地旅游业的发展。

（4）安全性与舒适性

公园布局应考虑到游客的安全,如设置安全防护设施,同时提供舒适便捷的设计,确保游客的舒适体验。

安全防护设施:公园内应设置必要的安全防护措施,如围栏、警示标志、监控摄像头等,以防止意外发生。在水域、陡峭坡地、游乐设施等潜在危险区域,应特别加强安全防护。此外,应确保所有游乐设施和运动器材符合安全标准,应定期对其进行维护和检查。

照明与夜间安全:良好的照明对于提升公园的夜间安全性至关重要,应合理布置路灯、景观灯和应急照明,确保所有路径和活动区域在夜间都有充足的照明。同时,照明设计应避免过度刺眼,以免影响游客的舒适度和夜间生态。

　　紧急救援与服务：公园应设立急救站或急救点，并配备必要的医疗设备和专业人员。同时，应设置清晰的紧急呼叫系统，如紧急电话和标识明显的急救点，以便游客在紧急情况下能够迅速获得帮助。

　　无障碍设计：公园的路径、设施和建筑应遵循无障碍设计原则，确保所有游客，包括老年人、儿童、残障人士等，都能方便地使用公园设施，比如可以设置宽敞的通道、无障碍卫生间、坡道和扶手等。

　　环境舒适性：公园的环境设计应注重创造出舒适宜人的氛围，比如合理规划植被，以提供阴凉环境和清新空气；设置喷泉、小溪等水体，以增加空气湿度和降低温度；使用适宜的材料和色彩，营造温馨和谐的环境。

　　噪声控制：在公园内，应采取措施减少噪声污染，如设置隔音屏障、限制噪声较大的活动，以及在运动区和休闲区之间设置缓冲带，确保游客能够在宁静的环境中放松身心。

　　通过这些措施，公园不仅能够提供安全的环境，还能确保游客在享受自然美景的同时，感受到舒适和放松。这样的公园将成为社区中最受欢迎的公共空间，吸引更多的居民和游客前来体验。

　　（5）文化与历史融合

　　在布局设计中应融入乡村的文化和历史元素，如保留传统建筑、设置文化展示区等，增强村镇公园的地域特色。

　　传统建筑保留与利用：在村镇公园设计中，应识别并保留具有历史价值的传统建筑，如古桥、庙宇、老宅等。这些建筑不仅是历史的见证，也是文化传承的载体。可以对其进行适当的修复和改造，使其成为公园内的文化展示点或活动空间，如博物馆、艺术工作室或咖啡馆。

　　文化展示区的设置：村镇公园内可以设立专门的文化展示区，通过雕塑、壁画、互动展览等形式，讲述乡村的历史故事和文化传统。这些展示区可以成为教育和文化交流的平台，吸引游客深入了解当地文化。

　　历史故事的融入：在村镇公园的道路、景点命名牌或解说牌上，可以融入当地的历史故事和民间传说，让游客在游览的同时感受到乡村的历史脉络和文化氛围。

传统艺术的展示与体验：公园可以定期举办传统艺术表演，如戏曲、舞蹈、民间音乐等，让游客亲身体验乡村的文化魅力。同时，可以设立工作坊，让游客参与到传统手工艺的制作中，如编织、陶艺、木工等。

节庆活动的举办：利用村镇公园的空间举办当地传统节日庆典，如庙会、丰收节等，这些活动不仅能够吸引游客，还能增强社区凝聚力，促进文化交流。

生态与文化的结合：在公园的生态设计中，可以融入当地的传统农业内容，如展示传统农具、种植当地特色作物等，让游客在了解生态保护的同时，也能感受到乡村的农耕文化。

地方特色景观的创造：村镇公园内的景观设计应体现地方特色，如使用当地特有的植物、石材等材料，创造出具有地域特色的景观。

2.村镇公园布局的方式

在遵循上述原则的基础上，可以采用以下方式进行公园布局设计。

（1）网络式布局

网络式布局是指在公园内设置多条相互连接的路径，创造出错综复杂的探索空间。这种布局方式鼓励游客自由探索，发现公园内隐藏的角落和特色景观。网络状的路径设计包括蜿蜒的小径、桥梁、观景台等元素，它们不仅提供了多样化的游览路线，还增加了公园的层次感和视觉趣味性。此外，这种布局有助于分散人流，减少拥挤，让游客在漫步中享受宁静与放松。

（2）集中式布局

集中式布局将村镇公园的主要设施，如游客中心、儿童游乐场、运动场等，集中在一个核心区域。这样的设计便于游客快速找到所需的设施，同时也便于公园管理者进行统一的维护和服务。核心区域可以成为公园的社交中心，举办各种活动和节庆，吸引游客聚集。此外，集中式布局还可以借助绿化带、水体等自然元素与周围环境进行柔和过渡，形成和谐的景观。

（3）分散式布局

分散式布局将村镇公园的设施分布在不同的区域，形成多个小型活动节点。这种布局方式可以满足不同人群的使用需求，如为儿童、老人、运动爱好者等分别提供专门的活动空间。分散的设施可以减少单一区域的压力,使公园的每个角落都有其独特的功能和吸引力。同时,这种布局也有助于提高公园的整体使用率,确保每个区域都能得到充分利用。

(4)环形布局

环形布局以村镇公园中心为起点,设置一条或多条环形路径,引导游客进行环形游览。这种布局方式便于游客规划路线,确保他们能够全面地体验公园的各个景点。环形路径可以贯穿整个公园,连接不同的功能区域。此外,环形布局允许设置多个出入口,可以提高公园的可达性,方便游客从不同方向进入和离开。在环形路径的设计中,可以巧妙地融入休息区、观景点和艺术装置,丰富游客的游览体验。

3.结合乡村特色的布局设计

村镇公园的布局设计应充分考虑乡村的地域特色和文化传统。

(1)利用乡村资源

在公园的规划设计中,充分利用乡村的自然资源是一种经济高效且具有生态意义的做法。例如,可以将农田改造成生态农业体验区,让游客参与农耕活动,体验种植和收获的乐趣。可以将果园设计为公园的一部分,让游客参与季节性的采摘活动,同时果园也可以作为教育游客了解农业知识的场所。此外,现有的水塘和溪流,可以设计成自然湿地,既美化环境,又有助于生物多样性的保护。充分利用乡村资源,公园不仅能成为乡村资源的展示窗口,也能为当地居民提供新的经济收入来源。

(2)保护乡村景观

在公园布局设计时,保护乡村原有的自然和人文景观是至关重要的。这意味着在规划过程中,应尽量减少对古树、水塘、传统建筑等自然景观的破坏。可以采用生态修复技术,恢复和保护这些景观,同时在设计中融入现代元素,使其与新设施和谐共存。这样的设计不仅体现出对乡村历史和文化的尊重,而且能为游客提供了一个了解和体验乡村传统生活方式的机会。

（3）传承乡村文化

公园可以作为传承和弘扬乡村文化的重要平台。设置乡村文化展示区，可以展示乡村的历史、民俗、艺术和手工艺。民俗活动广场可以举办传统节日庆典、民间艺术表演等活动，让游客在参与中感受乡村文化的魅力。此外，公园内的解说牌和互动展览也可以讲述乡村故事，增强游客的文化体验。

（4）促进乡村经济发展

公园的布局设计应与乡村经济发展相结合。例如，可以设立农产品直销区，让当地农民直接向游客销售新鲜的农产品，这不仅支持了当地农业，也为游客提供了购买地道农产品的机会。乡村手工艺品展示区可以展示和销售当地的传统手工艺品，如编织、陶瓷、木雕等，这不仅为手工艺人提供了展示才华的平台，也有助于推动乡村手工艺产业的发展。

三、村镇公园功能分区

村镇公园作为乡村的重要组成部分，其功能分区设计直接影响着公园的使用效率和居民的休闲体验。下面将探讨村镇公园的功能分区原则、方法以及如何结合乡村特色进行创新设计。

1.村镇公园功能分区的原则

在进行村镇公园的功能分区时，应遵循以下原则，以确保公园的多功能性和高效运营。

（1）居民需求导向

村镇公园的功能分区设计应紧密结合居民的实际需求，以确保公园能够满足不同年龄层和兴趣群体的活动需求。例如，可以设立专门的儿童游乐区，配备安全且富有创意的游乐设施；为年轻人设置运动设施，如篮球场、健身道；为老年人提供休闲散步的绿地和休憩长椅。此外，公园还可以根据季节性活动需求来规划相应的活动空间，如夏季的露天电影放映场地、冬季的玩雪场地等。这样的设计能够增强公园的吸引力，使其成为居民日常生活中不可或缺的一部分。

（2）生态保护优先

在公园的功能分区设计中，生态保护应被视为首要任务。这意味着在规划时应保留和扩大自然生态区，如湿地、林地和草地，以维持生物多样性。同时，可以规划生态恢复项目，如植树造林、水体净化等，来改善和提升当地的生态环境。公园内的道路和设施应尽量减少对自然环境的干扰，采用生态友好的材料和建设方法。

（3）文化传承与创新

公园不仅是自然和休闲的场所，也是文化传承和创新的空间。公园内可以设立文化展示区，举办展览、演出和互动活动，展示当地的历史、艺术和民俗。同时，鼓励创新活动，如设立艺术工作坊，让艺术家和手工艺人在公园内创作，吸引游客参与，从而激发社区的文化活力。这样的文化活动不仅丰富了公园的文化生活，也有助于提升居民的文化自豪感。

（4）安全与可达性

公园的设计应确保所有区域的安全和可达性，特别应考虑儿童和老年人。儿童游乐区应设置在易于监护和监控的位置，配备安全防护措施，如软质地面和防护网。老年人的活动区域应提供无障碍设施，如坡道、扶手和宽敞的通道。此外，公园的照明和导向系统也应充分考虑夜间环境和部分游客视力不佳的情况，确保他们在任何时候都能安全地在公园游玩。

（5）可持续性

在功能分区的设计中，应融入可持续性原则，比如可以包括使用本地材料减少运输成本和环境影响，设置雨水收集和循环利用系统来管理水资源，以及采用节能照明和太阳能设施来降低能源消耗。此外，公园内的绿化设计应选择耐旱、适应当地气候的植物，减少对灌溉的依赖。通过这些措施，公园不仅能够提供长期的生态服务，还能成为可持续生活方式的典范。

2.村镇公园功能分区的方法

在遵循上述原则的基础上，可以采用以下方法进行公园的功能分区设计。

（1）活动导向分区

在村镇公园的设计中，活动导向分区是确保公园能够满足不同用户需求的关键。儿童游乐区可以安装各种游乐设施，如滑梯、秋千和攀爬架，选用安全的软质地面，为孩子们提供充满乐趣的玩耍空间。健身区可以配备各种户外健身器材，如跑步机、拉力训练器等，鼓励居民进行日常锻炼。野餐区则应提供宽敞的草地、野餐桌和烧烤设施，让游客和本地村民可以在自然环境中享受户外野餐。此外，还可以设置专门的安静阅读区、瑜伽冥想区等，以满足多样化的活动需求。

（2）生态导向分区

生态导向分区强调在公园规划中保护自然生态系统。湿地保护区可以作为生物多样性的重点，吸引各种水鸟和水生生物，同时它也是教育公众关于湿地生态价值的场所。原生植被区则致力于保护和恢复当地的自然植被，通过种植本地植物，维护生态平衡。这些区域不仅为野生动物提供了栖息地，也为游客提供了亲近自然的机会，增强了公园的生态教育功能。

（3）景观导向分区

经过精心设计的自然和人造景观，可以提升公园的美学价值和游览体验。观景台可以设置在公园的高点，让游客俯瞰整个公园或远眺周边的自然风光。雕塑艺术区可以展示当地艺术家的作品，成为公园的文化亮点。此外，可以利用水景、花坛、步道等元素，创造出引人入胜的景观路径，让游客在漫步中享受视觉盛宴。

（4）社区导向分区

社区导向分区旨在促进社区成员之间的互动和团结。社区花园可以让居民参与公园的维护和美化，增强他们对公园的归属感。文化广场则可以成为举办各类社区活动的舞台，如音乐会、舞蹈表演、市集等，吸引居民参与，促进文化交流。这些区域的设计应鼓励居民聚集，分享经验，共同创造充满活力的和谐社区空间。

3.村镇公园功能分区的实施策略

在实际规划和实施过程中,应采取以下策略以确保功能分区的有效执行。

(1)公众参与

在村镇公园的功能分区规划过程中,公众参与是非常重要的。召开社区会议、开展在线调查等方式,可以广泛收集居民和利益相关者的意见和建议。这种参与不仅有助于了解社区成员的真实需求,还能够增强他们对公园项目的认同感和参与感。公众参与还可以增加透明度,减少规划过程中可能出现的争议,确保规划方案更加公平、合理,并且能够得到社区的广泛支持。

(2)弹性规划

村镇的发展往往伴随着人口增长、经济变化和环境变迁,因此功能分区规划需要具有一定的弹性,以适应这些不确定性。弹性规划意味着在设计时留有足够的空间和灵活性,以便在未来可以对公园的功能和布局进行调整。例如,可以预留一些未明确用途的土地,或者设计多功能的场地,以便根据未来的需求进行改造。这样的规划策略有助于确保公园能够持续服务于社区,即使在面对变化时也能保持其活力。

(3)逐步实施

功能分区的实施可以采取分阶段实施的方法,首先集中资源和精力发展公园的核心功能区,如儿童游乐区、运动设施区等,这些区域往往能够快速吸引游客,提高公园的使用率。核心区域发展成熟后,可以逐步扩展到其他区域,如生态保护区、文化展示区等。这种逐步实施的策略有助于控制项目风险,确保每一步都经过充分的规划和准备,同时也可以根据早期实施的反馈来优化后续的规划。

(4)持续监测与评估

为了确保功能分区规划的有效实施,建立持续的监测和评估机制是必要的。持续监测与评估包括定期收集数据,如游客流量、设施使用情况、社区满意度等,以及对公园环境质量的监测。这些监测数据可以反映规划的实施效果,识别存在的问题,有利于设计人员及时进行调整。这种动态管理方法有助于公园长期保持活力,确保其始终能够满足社区的需求,并适应不断变化的环境。

第二节

村镇公园景观特色塑造

一、植被配置与生态平衡

村镇公园的植被配置是实现生态平衡和提升景观美学的关键。下面将探讨如何通过科学合理的植被配置,促进村镇公园的生物多样性和环境可持续性发展。

1.植被配置的原则

在进行植被配置时,应遵循以下原则,以确保公园生态系统的健康和稳定。

(1)本地适应性

在公园的植被配置中,选择适应当地气候和土壤条件的本地植物是至关重要的。这些植物通常对当地的环境条件有更好的适应性,能够更有效地抵抗病虫害,减少对化学农药和人工灌溉的依赖。本地植物还能够支持本地生态系统,为本土昆虫、鸟类和其他野生动物提供食物和栖息地。此外,本地植物的维护成本相对较低,有助于实现公园的可持续发展。

(2)生物多样性

为了增强公园的生态价值和观赏性,应配置不同种类、形态和生长习性的植物来增加植被的多样性。高大的乔木、多样的灌木丛和丰富的草本植物,它们共同构成多层次的植被结构。这样的植被配置不仅能够提供多样化的栖息地,吸引各种野生动物,还能够增加公园的生态稳定性,提高其对环境变化的抵抗力。

（3）季节变化性

在植物选择时，考虑其季节性变化，如花期、果实成熟期和叶色变化，可以创造出随季节变化的景观效果。春天的花海、夏天的绿荫、秋天的红叶和冬天的枯枝，都能为公园带来不同的视觉和感官体验。这种季节性的景观变化不仅丰富了游客的体验，也有助于提升公园的吸引力，使其成为全年都值得游览的目的地。

（4）生态功能性

在公园的植被配置中，还应考虑植物的生态功能。例如，选择能够固土护坡的植物来防止水土流失，选择能够吸收空气中污染物的植物来净化空气，选择能够涵养水源的植物来维护水体健康。这些植物不仅美化了环境，还提供了重要的生态服务，有助于改善公园乃至整个社区的生态环境。通过这样的生态设计，公园能够成为城市生态系统中的重要组成部分，为居民提供更加健康和宜居的环境。

2.植被配置的方法

在遵循上述原则的基础上，可以采用以下方法进行植被配置。

（1）自然群落模拟

在公园的植被设计中，模仿自然生态系统中的植物群落结构是一种生态友好的策略。在配置植物时，应考虑到不同植物之间的相互作用，如共生关系、竞争关系以及对环境的适应性。自然群落模拟可以促进生态平衡，增加生物多样性，同时提高生态系统的自我维持能力。例如，模拟森林、草原或湿地等自然群落，合理搭配不同种类的植物，如先锋种、优势种和伴生种，可以构建稳定且多样的生态网络。

（2）垂直层次设计

在植被配置中，注重植物的垂直层次可以创造出丰富的立体景观，增强公园的视觉效果和生态功能。乔木层提供阴凉和风向引导，灌木层和草本层则为小型动物提供栖息地，地被植物则有助于保持土壤湿润和防止侵蚀。这种层次分明的设计不仅美观，还能够支持更复杂的生态系统，为不同高度层次的生物提供生存空间。

（3）色彩与形态搭配

植物的色彩和形态是公园景观设计中的重要元素。精心搭配不同颜色、形状和纹理的植物，可以创造出既和谐又富有变化的视觉效果。例如，可以在春季选择开花植物，夏季配置绿叶植物，秋季则以变色叶植物为主，冬季则保留常绿植物。同时，考虑植物的生长习性，如耐阴、耐旱等特性，以及维护需求，如修剪频率和肥料需求，确保植物的健康生长。

（4）动态管理

植被配置是一个持续的过程，需要根据植物的生长状况和生态系统的变化进行动态管理。因此，公园管理者应定期监测植物的生长情况，观察生态平衡的变化，并根据需要调整植物种类和配置。例如，如果发现某些植物生长过快，可能会影响其他植物的生长，就需要适时进行修剪或移除。动态管理可以确保公园的植被始终保持在最佳状态，同时也能够让植被适应环境变化，维持生态平衡。

3.生态平衡的维护

在植被配置的同时，应采取措施维护和恢复生态平衡。

（1）保护和恢复

对于现有的自然植被，应予以保护，对于退化的区域，采用植被恢复技术进行修复。

（2）生态廊道

在村镇公园规划中，应设置生态廊道，连接不同的生态区域，为野生动物提供迁徙通道。

（3）土壤和水源管理

合理的植被配置可以改善土壤结构和保持水分，减少径流和侵蚀，保护水源。

（4）减少外来物种入侵

应避免引入可能成为入侵物种的植物，减少对本地生态系统的干扰。

二、文化元素与地方特色融入

1.文化元素融入的重要性

(1)增强社区凝聚力

文化元素的融入能够促进社区居民之间的交流与互动,增强社区凝聚力。通过共同参与文化活动和公园的维护,居民能够更加紧密地团结在一起,共同发展乡村文化。

(2)提升居民生活质量

文化元素的融入为居民提供了更好的精神享受和文化体验,提升了他们的生活质量。居民可以在公园中参与各种文化活动,如书法、绘画、音乐等,丰富他们的业余生活。

(3)促进传统文化学习

村镇公园也是教育下一代的场所之一。通过展示乡村的历史和文化,公园可以成为孩子们了解家乡、学习传统文化的生动课堂。

(4)保护和传承非物质文化遗产

将非物质文化遗产如民间艺术、传统技艺等融入公园设计,有助于这些遗产的保护和传承。

2.文化元素与地方特色的融入策略

(1)历史与文化展示

文化广场作为公园的核心区域,不仅是居民日常休闲的场所,也是举办文化活动的绝佳地点。定期的文化讲座和展览可以吸引不同年龄层的居民参与,促进知识传播和文化交流。历史长廊通过生动的图文展示和多媒体互动,让游客在漫步中了解乡村的历史变迁和文化传承。民俗博物馆通过实物展示,让游客直观感受到乡村传统生活方式,增强对本土文化的认同感。

(2)艺术作品设计

艺术工作坊为居民和游客提供了一个亲手创作艺术品的机会,无论是陶艺、绘画还是编织,都能激发人们的创造力和艺术热情。壁画与雕塑是公园中的静态艺术,当地艺术家的作品不仅美化了环境,也成为乡村故事和精神的象征。这些艺术作品能够激发公众对艺术的兴趣,同时也为艺术家提供了展示才华的平台。

（3）传统建筑与景观保护

对传统建筑的修复和保护是对乡村历史的一种尊重。修复过程中应注重保持建筑的原貌,使用传统工艺和材料,让这些建筑成为连接过去与现在的桥梁。景观设计应融入当地的自然特色,如利用本土植物和石材,创造出既具有地方特色又符合生态原则的园林景观。

（4）节庆与民俗活动开展

节日庆典是乡村文化的重要组成部分,举办庙会、龙舟赛等活动,可以吸引游客参与,同时也能让居民感受到传统节日的魅力。民俗表演如舞狮、地方戏曲等,不仅可以展示乡村的非物质文化遗产,也为游客提供了深入了解当地文化的机会。

（5）生态与文化结合

生态文化教育是将自然生态与文化传承相结合的教育方式。利用湿地、古树等生态资源,开展生态文化教育活动,可以增强公众的环保意识以及人与自然和谐共生的理念。农耕文化体验区可以让游客亲身体验农耕生活,了解食物的来源,感受劳动的价值,从而更加珍惜自然资源。

（6）社区参与

社区花园鼓励居民参与公园的绿化和维护,这种参与感能够增强居民对公园的认同感和责任感。各类文化节是社区文化生活的重要组成部分,通过诗歌节、音乐节等形式,居民可以参与并展示自己的才艺,这些活动不仅丰富了居民的精神文化生活,也促进了社区的和谐发展。

第三节

村镇公园设施建设与维护管理

一、村镇公园基础设施设计与建设

村镇公园作为乡村景观的重要组成部分,其基础设施的设计和建设对于提升乡村生活品质、促进生态平衡和文化传承具有重要意义。下面将探讨如何在尊重乡村特色和满足居民需求的基础上,规划和建设村镇公园的基础设施。

1.设计要点

(1)可持续性

在村镇公园基础设施的设计和建设中,应优先考虑使用环保材料,如再生混凝土、环境友好型涂料等,这些材料不仅对环境影响小,而且通常具有较长的使用寿命。同时,采用节能技术,如太阳能照明、雨水收集和灌溉系统,可以显著降低公园的运营成本,同时减少对化石燃料的依赖。此外,公园的绿化设计也应考虑生态效益,如选择耐旱植物,减少灌溉需求,以及设置生态湿地,净化雨水。

(2)适应性

设计应充分考虑乡村的自然条件,如地形、气候和水文特征,确保基础设施与自然环境和谐共存。同时,应尊重当地的文化背景和居民习惯,例如,可以采用当地的建筑风格和建筑材料,或者在设计中融入当地的历史和文化元素,从而增强公园的地方特色。此外,基础设施的设计还应考虑到居民的日常生活需求,如设置足够的休息区、儿童游乐设施和运动场地,以满足不同年龄和兴趣群体的需求。

（3）功能性

基础设施的设计应确保公园能够满足其核心功能，如提供休闲空间、支持体育活动、进行环境教育等。公园基础设施可能包括多功能的露天剧场、观景台、教育中心和儿童游乐场等。此外，还应考虑基础设施的多功能性，使其能够在不同的时间和场合下发挥多种用途，如将运动场在非运动时段用作社区集会的空间。

（4）安全性

在设计基础设施时，安全性是至关重要的。应确保所有设施都符合安全标准，包括设置无障碍通道，以便轮椅用户和行动不便的人士能够方便地游览公园。紧急疏散路线应清晰标识，确保在紧急情况下游客能够迅速安全地离开。此外，公园内的照明应充足，以防止意外发生。安全监控系统和紧急呼叫点也应合理布局，以提供更好的安全保障。

2.基础设施类型

村镇公园的基础设施主要包括以下几类。

交通设施：道路、桥梁、停车场等，应确保游客和当地居民的便捷出入。

休闲设施：座椅、凉亭、观景台等，提供舒适的休息和观赏环境。

运动设施：篮球场、健身器材等，鼓励居民参与体育活动，增进身体健康。

教育设施：信息牌、解说系统等，传播生态知识和乡村文化。

服务设施：公共厕所、饮水点、垃圾处理设施等，提供必要的服务支持。

3.建设实施

村镇公园的建设分为施工准备、施工管理、环境影响评估以及后期维护等几个部分。

（1）施工准备

施工准备阶段的工作是项目顺利进行的基础。首先，应对所需的施工材料进行评估和采购，包括建筑材料、植物种子、灌溉设备等，确保材料的质量和供应的连续性。其次，人力资源的配置也至关重要，需要根据施工计划招募足够的工人，并为他们提供必要的培训，以确保施工质量和效率。最后，还需要制定详细的施工计划,包括施工顺序、时间表和预算,以及应对可能延误的预案。

(2)施工管理

施工管理是确保项目按计划进行的关键环节,包括对施工现场的日常监督,确保所有工作都按照设计图纸和施工标准进行。质量控制是施工管理的核心,需要定期检查材料的使用、施工工艺和工程进度,确保每一环节都达到预期标准。安全措施的落实同样重要,包括为工人提供安全培训、设置安全警示标志、配备必要的个人防护装备等,以预防事故的发生。

(3)环境影响评估

在施工前,应对建设活动可能对周边环境产生的影响进行评估,包括评估对土壤、水源、植被和野生动物的影响。根据评估结果,应制定相应的改进措施,如设置生态缓冲区、采用低影响施工技术、合理安排施工时间以避免对野生动物繁殖期的干扰等。这些措施有助于减少施工对环境的负面影响,保护生态平衡。

(4)后期维护

公园建设完成后,需要建立有效的后期维护机制。后期维护包括定期检查基础设施的状况,及时进行必要的维修和更新。对于植被,应制定养护计划,包括浇水、修剪、病虫害防治等。此外,还应建立应急预案,以应对自然灾害或其他突发事件对公园设施的影响。持续对公园进行维护和管理,可以确保公园的基础设施长期有效使用,为居民提供持续改善的休闲环境。

二、村镇公园维护与管理策略

1.建立有效的管理组织结构

村镇公园的维护与管理首先需要一个明确的责任主体。通常是由当地政府或社区组织组成的一个管理团队,负责公园的日常运营。管理团队的职责包括制定公园维护计划、监督执行情况、处理突发事件以及与社区居民沟通协调。

2.制定详细的维护计划

维护计划应包括定期的清洁、植被养护、设施检查与维修等方面。维护计划应根据季节变化和公园使用情况灵活调整,确保公园环境整洁、设施完好。此外,维护计划还应考虑到资源的合理利用,如水资源的节约和能源的有效管理。

3.强化社区参与教育

鼓励社区居民参与公园的维护工作,可以提高他们对公园的归属感和责任感。组织志愿者活动、开展环保教育课程等,可以提升居民的环境保护意识。同时,教育活动也有助于传承当地文化和历史,提升公园的文化价值。

4.实施可持续的财务管理

公园的维护和管理需要稳定的资金支持。管理团队应制定合理的预算计划,并寻求多元化的资金来源,包括政府拨款、社区捐款、企业赞助等。此外,通过举办活动、提供服务等方式收取一定的费用,公园也可以实现自我造血,减轻财务压力。

5.采用先进的技术手段

利用现代信息技术,如物联网、智能监控系统等,可以提高公园管理的效率和效果。使用这些技术可以实时监控公园状况,及时发现并解决问题,为游客提供更好的服务。

6.定期评估与改进

为了确保公园维护与管理策略的有效性,应定期进行评估,包括对公园环境、设施状况、游客满意度等进行评估。根据评估结果,管理团队应及时调整维护计划和策略,以适应不断变化的需求和条件。

7.强化法规与政策支持

政府应出台相关法规和政策，为村镇公园的维护与管理提供法律依据和政策支持，包括公园土地使用权的明确、维护资金的保障，以及对破坏公园行为的惩处等。

8.促进生态保护与可持续发展

公园的维护与管理应注重生态保护和可持续发展，包括保护公园内的自然生态，如植被、水源等，以及采用环保材料和技术，减少公园运营对环境的影响。

第四节

村镇公园规划设计案例

一、重庆市梁平区屏锦镇屏锦公园景观提升设计

1.项目概况

(1)项目名称:屏锦公园景观提升设计。

(2)项目地址:重庆市梁平区屏锦镇。

(3)项目规模:总占地面积约60亩(1亩约等于667 m²)

(4)设计内容:

优化亲水平台,增加健身步道、儿童设施、景观小品、生态湿地,增加标志标牌、公厕,护栏修整,绿化补植,配套建筑改造与新建等。

(5)项目现状:

环湖道路较窄,仅满足通行功能;

湖水水质有污染,缺乏自净水生植被;

环湖安全护栏局部有沉降现象,存在一定的安全隐患;

场地内植被生长较好,但缺乏梳理和管护;

公共设施缺乏,无公厕,标识系统不完善;

湖东面的入口广场已修建,亟待公园后续修建完善,更好地服务场镇居民。

❈ 村镇公园项目现状

2.方案设计

设计关键词:环湖健身道+登山便道+多样滨水活动+山林自然风光。

(1)总体设计

① 入口广场

② 环湖健身道

③ 屏锦文化馆(含管理用房、公厕)

④ 山林童趣

⑤ 观景平台

⑥ 竹林剧场

⑦ 眺望台

⑧ 林间竹舍

⑨ 亲水平台

⑩ 湖心亭

⑪ 田园风光

⑫ 湿地乐园

⑬ 景观台阶

红线面积:40 000 m²

水域面积:12 314 m²

建筑占地面积:1 021 m²

道路及硬质广场面积:3 840 m²

绿化面积:22 825 m²

绿地率:74.18%

❈ 设计总平面图

※ 总体鸟瞰图

（2）节点设计

※ 湖心亭设计

◈ 林间竹舍

◈ 观景平台

❄ 湿地观光

❄ 竹林剧场

（3）专项设计

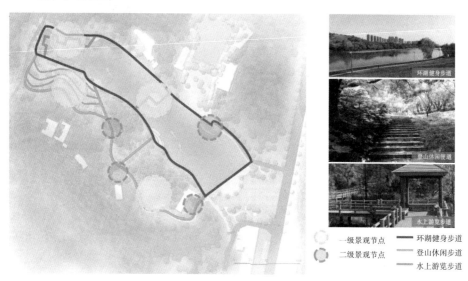

◎ 一级景观节点　　■ 环湖健身步道
◎ 二级景观节点　　　 登山休闲步道
　　　　　　　　　　　 水上游览步道

❀ 道路设计

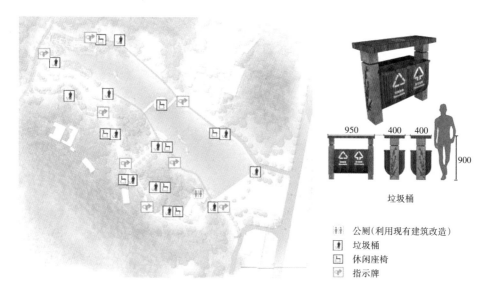

950　400　400　　900

垃圾桶

👥 公厕（利用现有建筑改造）
🗑 垃圾桶
🪑 休闲座椅
🪧 指示牌

❀ 基础设施布局

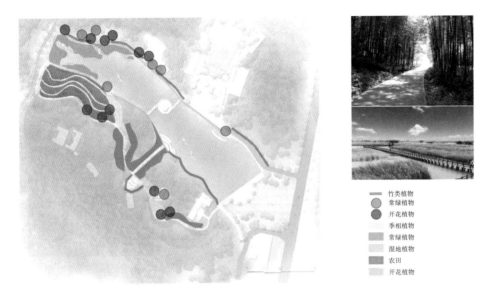

竹类植物
常绿植物
开花植物
季相植物
常绿植物
湿地植物
农田
开花植物

◌ 植被总体设计

第四章
村镇道路景观
规划设计

- ⊙ 村镇道路绿化设计
- ⊙ 村镇道路绿化实施细则
- ⊙ 村镇道路景观设计案例

第一节

村镇道路绿化设计

一、村镇道路绿化设计原则

村镇道路绿化是乡村景观规划的重要组成部分,它不仅能美化道路环境,还有助于改善微气候、减少噪声污染、提升生态功能。下面将探讨村镇道路绿化设计的原则,为乡村道路绿化提供科学指导。

⁂ 村镇道路绿化

1.生态优先原则

在村镇道路绿化设计中,应优先考虑生态效益。选择适应当地气候、土壤条件的本土植物,可以减少对外部资源的依赖,降低维护成本。同时,应考虑植物的多样性,以增强生态系统的稳定性和自我恢复能力。

2.功能与美学结合原则

道路绿化不仅要满足生态功能,还要兼顾美学效果。设计时应考虑植物的形态、色彩、季节变化等因素,创造和谐、宜人的道路景观。同时,道路绿化应与周边建筑、自然景观相协调,形成统一的乡村风貌。

3.经济与可持续性原则

在设计过程中,应考虑绿化工程的经济性和可持续性,可以选择效益高的植物种类,避免过度依赖昂贵的外来物种。同时,应采用节水灌溉技术,减少水资源消耗。在维护管理上,提倡使用有机肥料和生物防治方法,减少化学农药的使用。

4.安全与便利性原则

道路绿化设计应确保行车安全和行人便利,避免种植过高或枝叶过于繁茂的植物,以免影响视线。同时,应设置合理的人行道和自行车道,确保行人和非机动车辆的安全通行。

5.文化与地域特色原则

道路绿化设计应体现当地的文化特色和地域风貌,可以种植具有地方特色的植物,或者设置反映当地历史和文化的景观小品,从而增强道路绿化的文化价值。

6.实施与管理原则

道路绿化设计应考虑实施的可行性和管理的便捷性。设计时,应与当地政府、社区和村民充分沟通,确保设计方案得到各方支持。在实施过程中,应建立有效的监督机制,确保绿化工程的质量。在后期管理上,应定期进行植物修剪、病虫害防治等工作,保持绿化效果。

二、村镇道路绿化设计方法

1.植物选择

在村镇道路绿化设计中,植物的选择是基础且关键的一步。

首先,应根据道路所处的微气候条件,如光照、温度、湿度等,选择适应性强的植物。例如,对于阳光充足的道路,可以选择耐阳植物,如银杏、法桐等;而对于那些阳光较少的道路,则应选择耐阴植物,如黄杨、杜鹃等。

其次,植物的耐旱性、耐盐碱性和抗病虫害能力也是选择时的重要考虑因素。在水资源有限或土壤条件较差的地区,应优先选择耐旱和耐盐碱的植物,如沙棘、刺槐等。选择抗病虫害能力强的植物可以减少后期的维护成本和工作量。

最后,植物的生长速度和形态也是影响道路景观的重要因素。快速生长的植物可以在短时间内形成良好的绿化效果,如柳树、杨树等;而那些形态优美、季相变化明显的植物,则可以为道路增添动态变化和季节色彩,如樱花、枫树等。

2.绿化布局

绿化布局是道路绿化设计中的核心环节,它直接关系到道路的美观性和功能性。在布局时,应根据道路的宽度、交通流量、周边环境等因素进行综合考虑。

中央隔离带的绿化设计应注重视线的通透性,避免使用过高的植物,以免影响驾驶员的视线。同时,可以设置花坛、种植带状的灌木或草本植物,增加道路的层次感和视觉宽度。

两侧绿化带的设计则应考虑与周边环境的协调性。可以种植高大的乔木形成屏障,保护农田免受道路尘埃的污染;或者在水体边种植水生植物,净化水质,同时为道路增添自然野趣。人行道绿化则应注重行人的通行安全和舒适感,可以设置座椅、花架等设施,为行人提供休息空间;同时,选择低矮、无毒的植物,确保行人的安全。

3.绿化结构

绿化结构的设计应追求层次分明和生物多样性。乔木层作为绿化结构的骨架,应选择高大、冠幅宽广的树种,如悬铃木、樟树等,它们可以为道路遮阴,同时吸收空气中的有害物质。

灌木层和地被层则应选择形态各异、色彩丰富的植物,如杜鹃、月季、石竹等,它们可以增加绿化的立体感,为道路增添色彩和活力。此外,地被植物还有助于防止土壤侵蚀,保持水土。

在设计绿化结构时,还应注意植物之间的相互关系,避免选择竞争性强的植物种类,以免影响各自的生长。同时,应考虑植物的自然演替,选择能够相互促进生长的植物组合,以实现绿化的长期稳定。通过精心的植物选择、合理的绿化布局和科学的绿化结构设计,绿化后的村镇道路不仅能提升乡村的生态环境,还能为居民提供更加舒适、美观的生活环境。

三、村镇道路附属景观设计

1.景观元素选择

景观元素选择是村镇道路附属景观设计中的必备环节,是塑造道路空间氛围和提升居民生活质量的关键。在进行设计时,除了考虑功能性、美观性和文化性,还应该关注以下几个方面。

(1)生态性

在景观元素的选择和布局中,应注重生态平衡和可持续发展。例如,选择耐旱、抗病虫害的植物种类,以及能够吸收噪声、净化空气的绿化带,可以减少对环境的负担,同时提供生态服务。

(2)可持续性

设计时应考虑景观元素的长期维护和管理成本,选择易于维护的材料和植物,以降低未来的运营费用。同时,可以考虑利用雨水收集系统和太阳能照明等绿色技术,减少能源消耗。

（3）互动性

便于居民参与的景观设计可以增强社区凝聚力。例如,设置互动艺术装置、儿童游乐设施或者社区花园,可以让居民在日常生活中与景观元素互动,提升空间的活力。

（4）安全性

确保景观元素的设计不会对行人和车辆造成安全隐患。例如,确保照明充足,避免使用尖锐或易碎的材料,以及合理规划步行道和自行车道,确保交通流畅。

（5）灵活性

随着社区的发展和居民需求的变化,景观设计应具有一定的灵活性,能够适应未来可能的调整。例如,设计可移动的座椅和花坛,或者预留空间以便未来增加新的功能区域。

（6）经济性

在确保景观质量的同时,也要考虑成本。可以规划合理的预算分配,选择性价比高的材料和设计,或者利用当地资源,如本土植物和手工艺人的作品,从而降低成本。

（7）季节性

考虑不同季节对景观元素的影响,确保全年都有吸引人的景观。例如,选择四季常绿的植物,或者设计能够适应季节变化的景观。

（8）教育性

景观元素可以传递环保、历史和科学知识。例如,设置解说牌介绍当地生态,或者利用景观设计展示可持续发展的理念。

综合考虑以上这些方面,可以创造出既实用又美观、既具有文化特色又符合生态原则的村镇道路附属景观,为居民提供舒适、安全、有教育意义的生活环境。

2.空间布局与组合

空间布局在村镇道路附属景观设计中的作用不仅仅是为了美观,更是为了创造和谐、有序且富有活力的环境。以下是对空间布局原则的进一步扩充。

（1）功能性布局

空间布局应确保道路的功能性得到满足,包括行人和车辆的通行安全、交通流畅以及紧急情况下的疏散需求。例如,人行道和车行道应有明确的划分,确保行人安全;同时,应考虑停车区域的合理设置,避免影响交通。

（2）自然融合

在布局时,应考虑如何将人造景观与自然环境和谐地融合。这可能包括利用现有的地形特征,如小山丘、水体等,以及利用当地的植被,创造出自然与人工景观相互映衬的效果。

（3）灵活性与适应性

空间布局应具有一定的灵活性,以适应未来可能的变化。例如,预留空间用于未来的公共设施建设,或者设计可调整的景观元素,以便根据社区需求进行调整。

（4）光影与色彩

考虑光线和色彩在空间布局中的作用,合理规划照明和植物配置,可以创造出丰富的光影效果和色彩变化。例如,利用树木和建筑的阴影,或者选择不同季节变色的植物,增加景观的动态变化。

（5）文化与故事性

在空间布局中融入当地文化和历史故事,利用景观元素讲故事,增强居民对社区的归属感。例如,设置反映当地历史事件的纪念碑或者展示当地传统工艺的展示区。

（6）可达性与无障碍设计

确保所有景观元素对所有居民都是可达的,包括残障人士。这涉及无障碍通道的设计,以及考虑不同年龄和能力水平的居民的需求。

（7）微气候调节

考虑景观布局对微气候的影响,如利用植物配置和水体设计来调节温度和湿度,提供舒适的户外环境。

（8）经济性与可持续性

在布局时,应考虑成本,选择经济实用的材料和设计方法。同时,应考虑景观的可持续性,如使用本地材料,减少维护成本,以及采用节水灌溉系统。

3.环境适应性设计

环境适应性在村镇道路附属景观设计中是实现生态平衡与美学融合的关键。在这一过程中,设计师需要综合考虑多种自然和人为因素,以确保景观设计与周围环境的和谐统一。以下是对环境适应性设计原则的进一步扩充。

（1）水文条件

考虑当地的降水量和地下水位,设计时应融入水文调节措施,如设置蓄水设施和排水系统,以应对极端天气事件,减少洪水和干旱等的影响。

（2）风向与风速

分析当地的风向和风速,合理规划植被布局,利用植物作为风障,减少风蚀,同时为行人提供遮蔽。

（3）地形地貌

利用现有地形特征,如坡度、高差,进行景观设计,减少对地形的破坏,同时创造丰富的视觉和空间体验。

（4）季节变化

考虑四季更替对景观的影响,选择四季常绿或季节性变化明显的植物,确保全年都有吸引人的景观效果。

（5）人类活动

评估周边居民的日常活动模式,确保景观设计能够满足居民的需求,如设置休闲座椅、观景平台等,同时避免对居民生活造成干扰。

（6）文化与历史

尊重并融入当地的文化和历史元素,如使用传统材料、再现历史场景,增强景观的文化价值和教育意义。

（7）维护与管理

考虑景观的长期维护和管理需求,选择易于维护的植物和材料,同时建立有效的维护机制,确保景观的持久美观。

第二节
村镇道路绿化实施细则

一、树种选择与种植技术

1.树种选择原则

(1)生态适应性

在村镇道路绿化中,树种的生态适应性是首要考虑的因素。这意味着所选树种应能够在当地特定的气候条件下生存和繁衍。例如,对于干旱地区,应选择耐旱性强的树种,如沙棘、柽柳等;对于多雨地区,则应考虑耐水湿的树种,如柳树、水杉等。此外,树种对土壤的适应性也应重视,包括对土壤酸碱度、肥力、排水性的要求。例如,松树和柏树通常适应酸性土壤,而杨树和柳树则能在碱性土壤中生长。在选择树种时,还应考虑其对病虫害的抵抗力,以及是否容易受到当地常见病虫害的影响。

(2)观赏价值

道路绿化的观赏价值不仅体现在树种的形态上,还包括其在不同季节的表现。例如,春季开花的树种如樱花、海棠可以为道路增添春日的浪漫气息;夏季常绿树种如樟树、松树能提供持续的绿色景观;秋季变色树种如枫树、银杏能带来丰富的色彩变化;冬季挂果的树种如柿子树、山楂树为冬季增添一抹生机。在选择树种时,还应考虑其开花、结果的时间,以及果实和树皮的颜色、质感等,以实现全年无休的景观效果。此外,树木的生长习性,如树冠形状、枝条分布等,也是影响观赏价值的重要因素。

（3）经济性与功能性

在选择道路树种时，经济性是一个不可忽视的因素，相关费用包括树种的购买费用、种植费用以及后期的维护费用。一般来说，本土树种由于适应性强、繁殖容易，其成本相对较低。同时，选择生长速度快、维护要求低的树种，可以有效降低长期维护成本。功能性方面，道路树种应具备一定的生态功能，如提供遮阴、减少噪声、吸收有害气体、防止水土流失等。例如，选择具有较强吸附能力的树种如悬铃木，可以有效净化空气；选择根系发达的树种如杨树，有助于固土防沙。此外，选择道路树种时还应考虑其对行人和车辆的安全性，避免选择可能产生大量落果或有刺的树种。

（4）本土化

本土树种通常与当地的生态系统有着千丝万缕的联系，它们能够为本土动物提供适宜的栖息地，维持生态链的完整性。例如，本土树种的果实和花朵往往是当地鸟类和昆虫的食物来源，有助于维持生物多样性。同时，本土树种对当地病虫害的抵抗力较强，可以减少对化学农药的依赖，降低对环境的负面影响。

2.种植技术

（1）前期规划与设计

在进行村镇道路种植之前，必须进行详细的前期规划与设计，需要对道路的走向、宽度、排水系统以及周边环境进行全面评估。设计时应考虑道路的功能性，如是否需要提供遮阴、是否需要防风固沙等。同时，还要考虑道路的美观性，确保种植的树种能够与道路两侧的建筑风格和自然景观相协调。此外，设计中还应预留足够的空间供未来的道路扩建或维护使用。

（2）土壤改良与准备

土壤是植物生长的基础，因此，需要对道路两侧的土壤进行改良。首先，需要对土壤进行测试，了解其pH值、肥力、排水性和重金属含量等。然后，根据测试结果，可能需要添加有机物质如堆肥或绿肥来改善土壤结构，提高肥力。对于排水不良的土壤，应进行排水系统的改造，确保植物根部不会积水。最后，还应考虑土壤的深度，确保树木根系有足够的发展空间。

(3)树种选择与配置

树种的选择应基于前期规划与土壤条件,同时考虑树木的生长习性、观赏价值和生态功能。选择时应优先考虑本土树种,以提高植物的适应性和生态效益。配置时,应考虑树木的成熟高度和冠幅,避免未来树木生长过密影响道路使用。同时,应合理搭配不同季节的开花植物和常绿植物,以实现全年的景观效果。

(4)种植与养护

种植过程中,应确保树木的根系完整,避免在移植过程中损伤。种植深度应适中,不宜过深或过浅,以保证树木能够顺利生根。种植后,应及时浇水,保持土壤湿润,但应避免积水。在树木生长初期,应定期进行修剪,以促进其健康生长。对于新种植的树木,可能需要支撑架来帮助其稳定。养护过程中,应定期检查树木的生长状况,及时处理病虫害问题,并根据树木的生长需求进行施肥。

(5)长期管理与维护

道路绿化的长期管理与维护是确保绿化效果持续的关键。应建立一套完善的管理制度,包括定期巡查、修剪、施肥、病虫害防治等。对于道路两侧的绿化带,应保持清洁,及时清理落叶和垃圾,避免影响道路美观。在道路扩建或维修时,应尽量减少对绿化带的破坏,并在必要时进行补植。此外,还应加强对公众的宣传教育,增强居民对道路绿化的保护意识。

二、道路照明与安全考虑

1.照明设计原则

村镇道路照明设计应遵循安全性、经济性、环保性和美观性四大原则。安全性是照明设计的首要目标,应确保夜间行车和行人的安全。经济性要求照明系统在满足安全需求的同时,尽可能降低能耗和维护成本。环保性体现在照明设备的节能和对生态环境的影响最小化上。美观性则要求照明设备与周围环境和谐融合,提升村镇夜景的整体美感。

※ 村镇道路照明

2.照明设备选择

照明设备的选择应考虑光源的类型、灯具的配置以及控制系统的智能化。LED灯具因其高能效、长寿命和可调光等特性,成为当前村镇道路照明的首选。灯具配置应根据道路的宽度、车流量和周边环境进行合理布局,避免产生眩光和光污染。智能控制系统能够实现照明的自动开关和亮度调节,可以进一步提高能源利用效率。

3.照明布局与控制

照明布局应遵循均匀性原则,确保道路表面亮度分布均匀,避免产生明暗对比过大的区域。在交叉路口、行人过街处等关键区域,应加强照明。照明控制应结合实际需求,采用定时、光控或运动感应等多种方式,实现照明的智能化管理。例如,可以在夜间车流量较小时降低照明强度,既节能又不影响安全。

4.安全防护措施

道路照明不仅要考虑照明本身,还要安装其他安全防护措施。例如,设置反光标志、道路标线和护栏,提高夜间行车的安全性。在照明设计中,应考虑这些安全设施的可见性,确保它们在夜间清晰可见。此外,照明设备应具备一定的防水、防尘和防腐蚀性能,以适应村镇道路的具体环境。

5.环境与生态影响

在照明设计中,应尽量减少对周围生态环境的影响。避免使用高色温光源,因为它们可能干扰动植物的生物节律。同时,照明设备应尽量采用低眩光设计,减少对居民生活的影响。在可能的情况下,可以考虑使用太阳能路灯,既节能又环保。

6.维护与管理

村镇道路照明系统的维护管理同样重要,应建立定期检查和维护机制,确保照明设备的正常运行。对于损坏的灯具应及时更换,对于照明效果不佳的区域应进行调整。同时,应加强对村民的宣传教育,提高他们对道路照明设施的保护意识。

第三节

村镇道路景观设计案例

一、贵州省S313线册亨至安龙公路景观绿化设计

1. 工程特点

贵州省S313线册亨至安龙改建公路景观绿化工程（以下简称S313公路）起于贵州省册亨县城北侧纳福寨,止于安龙县城南侧双山,路线全长48 km。累计新建景观绿化面积约80 000 m²,其中宽平台12处,观景台3处,服务区2处。S313公路跨越黔西南州册亨、安龙两县。那里的气候属于亚热带季风湿润气候区,总的特点是气候温和,冬无严寒、夏无酷暑,雨热同季,具有明显春早、夏长、秋晚、冬短的特点。项目所在地属南盘江水系,附近无较大河流湖泊。

S313公路区域植被属中亚热带温和湿润常绿阔叶林、针叶林夹落叶阔叶林地带。主要植被类型有季雨林、山地季雨林、常绿阔叶林、南亚热带针叶林。植物主要有贵州苏铁、红豆杉、麻栗坡兜兰、硬叶兜兰、翠柏、黄杉、马尾树、苏铁蕨、杉树、柏树、楸树等。道路周边植被主要为农田和草灌丛,部分段落将杨树作为行道树,景观台临水有少量竹林。

2. 景观设计理念

S313公路景观的设计理念为"赏册安风光,行人文之路"。"赏册安风光"指设计尊重沿线基底条件,通过资源整合,将公路周边的山水植被等自然资源纳入公路景观;注重山水骨架的展现,而非脱离环境营造人工化的公路景观;致

力于将该项目打造为册亨、安龙地区的动态画卷,让司乘人员融入册、安两县优美纯粹的自然风光中。"行人文之路"指设计中提取册亨、安龙两县的布依族风情、荷花等具有代表性的元素符号,融入广场、标牌中,以展现古朴纯粹的人文民俗风情;设计建造休闲广场、山地观光园,为用路者和沿线居民提供休闲空间,体现景观设计的人文关怀。

3.景观设计思路

(1)总体设计

规划设计道路景观时,总体上应将道路连贯性及其构筑物、沿线设施、道路景观绿化等与沿途地形、地貌、生态特征、景观资源等作为有机整体进行统一规划与设计,以使道路建设的人工景观与原有自然景观协调和谐,同时还需分段组景,以使道路空间富有韵律和变化,保持路段内连续与完整的景观效果。

根据道路的平纵曲线和周边环境特征,将该项目划分为田园峰丛段(K15～K47)和蜿蜒山岭段(K0～K15),通过段落划分来指导景观设计。

1)田园峰丛段设计。这一段路线平直,田园风光优美,喀斯特地貌特征明显。景观设计时多采用"透"的手法,即路侧不栽或少栽乔木,在重点区域点缀开花植物,以调节行车视线;将路域风光纳入公路范围内,让司乘人员领略多彩秀美的黔西南风光。

田园峰丛段绿化效果

2)蜿蜒山岭段设计。这一段弯多坡急,道路一侧临崖,一侧靠山。景观设计时应注重弯道的视线引导,通过景观绿化,降低沿崖行驶给驾驶员造成的心理紧张感,弱化挡墙的体量。在合理位置设置山地观景台,以展现崇山峻岭的巍峨风光和册亨县城新貌。

:∴: 蜿蜒山岭段绿化效果

S313公路路侧景观绿化以恢复生态为主。通过撒播草灌种子,使其与周边自然草灌丛相衔接,使公路更好地融入环境。在恢复景观绿化的基础上点缀小灌木,丰富景观效果。路侧植物方案见表4-3-1。

表4-3-1 路侧植物方案

类别	路侧植物	备注
方案1	三角梅(夹竹桃)+狗牙根,野菊花	—
方案2	海桐(红叶石楠)+白三叶,波斯菊	每3 km轮换

（2）路侧宽平台设计

S313公路全线宽平台较多,宽平台主要采用了3种景观绿化模式:乔灌组团模式、片植小乔木模式和撒播草花模式。乔灌组团模式适用于城镇附近,片植小乔木模式适用于山岭段,撒播草花模式适用于田园段。场地宽度大于6 m可采用植物组团模式及片植撒播模式,宽度小于6 m采用片植模式。

❀ 宽平台乔灌组团模式绿化效果

（3）观景台设计

K31+200观景台位于K31+200左侧,周边为乡村聚居点,现状为农田,红线范围为道路和溪流所夹场地。该景观台定位为乡村休闲广场,设计时考虑利用原始地形,并保留部分砖墙、植被,且对场地进行合理规划,以便为周边居民和司乘人员提供休憩、观景、娱乐的场所。

1. 停车位
2. 儿童娱乐平台
3. 入口小广场
4. 田园景观
5. 原生态农田
6. 健身平台
7. 竹林小径
8. 特色绿化池
9. 观景平台
10. 原有水体
11. 景观亭
12. 休闲平台
13. 特色景墙

※ K31+200观景台平面布置

（4）雕塑及文化墙设计

K31+200观景台内设置了醒目的景观墙和富有特色的文化雕塑，为沿线景观增添了亮点，并展现了当地的文化。

※ 富有特色的文化雕塑

第五章
乡村庭院景观设计

⊙ 乡村庭院景观设计概述

⊙ 乡村庭院景观详细设计

⊙ 乡村庭院景观设计案例

第一节

乡村庭院景观设计概述

一、乡村庭院景观设计原则

1.生态优先原则

乡村庭院景观设计应以生态保护和可持续发展为核心。因此,在设计过程中,应优先考虑自然生态系统的完整性,选择适宜当地气候和土壤条件的本土植物,减少对环境的干扰。同时,应采用节水灌溉系统和有机耕作方法,减少化学物质的使用,保护土壤和水质。此外,庭院设计应促进生物多样性,为野生动物提供栖息地,如设置鸟巢、蝴蝶花园等。

2.文化融合原则

乡村庭院景观设计应融入当地文化元素,反映乡村的历史、传统和生活方式,比如可以使用传统建筑材料、模仿传统园林布局、引入地方特色的植物和装饰来实现。庭院中的雕塑、水景、亭台等元素都应与当地文化相协调,增强庭院的地域特色和文化认同感。

3.功能性与美观性相结合

庭院设计不仅要美观,还要实用。应根据居民的实际需求,合理规划庭院的功能区域,如休闲区、种植区、儿童游乐区等。在确保功能性的基础上,采用巧妙的布局和植物配置,创造出和谐美观的视觉效果。例如,利用高低错落的植物层次,形成丰富的视觉景观;通过路径和水系的设计,引导视线,增加空间的趣味性。

4.经济性与可持续性

在乡村庭院景观设计中,应考虑成本,避免过度投资。选择经济实用的材料和植物,减少维护成本。同时,应采用可持续的设计方法,如雨水收集系统、太阳能照明等,以降低能源消耗,减少对环境的影响。此外,庭院设计应考虑长期的可持续性,确保景观的持久性和适应性。

5.人性化设计原则

庭院设计应以人为本,满足居民的生活需求和审美偏好。考虑到农村居民的生活习惯,庭院应提供足够的户外活动空间,如宽敞的庭院、舒适的座椅区等。同时,庭院的照明、路径和设施应易于使用,确保所有年龄段的居民都能安全舒适地享受庭院空间。

6.灵活性与适应性

乡村庭院景观设计应具有一定的灵活性,以适应不同季节和气候变化。例如,种植四季常绿植物和季节性花卉,确保庭院全年都有色彩。此外,庭院设计应考虑未来可能的变化,如家庭成员增加、功能需求变化等,确保设计具有一定的扩展性和调整空间。

乡村庭院景观设计是一项综合性的工程,需要综合考虑生态、文化、功能、经济、人性化和灵活性等多方面因素。遵循上述原则,可以创造出既美观又实用、既环保又经济、既具有地域特色又能满足居民需求的乡村庭院景观。这样的庭院不仅能够提升居民的生活质量,还能成为乡村文化传承和生态保护的重要载体。

二、乡村庭院空间布局

1.庭院入口与过渡空间设计

庭院入口是乡村庭院的第一印象,其设计应体现欢迎与引导的功能。入口区域通常包括门廊、小径和前院,这些元素共同构成了从公共空间到私人空间的过渡区域。设计时,应考虑视线引导,利用植物、矮墙或装饰性栅栏来分隔空间,同时保持一定的开放性,以吸引访客进入。入口处可以设置一些装饰性的元素,如雕塑、水景或特色植物,以增加庭院的吸引力。此外,入口的设计还应考虑实用性,如提供足够的照明和便利的通行空间。

2.中心活动区布局

中心活动区是庭院的核心,通常包括休闲座椅、烧烤区、儿童游乐设施等。这一区域的设计应考虑到家庭成员和访客的活动需求,确保空间既宽敞又舒适。座椅区应设置在阴凉处或有遮挡的地方,以提供舒适的休息环境。烧烤区和游乐设施应远离主要活动区,以减少噪声和活动干扰。在布局时,还应考虑风向和日照,确保活动区在大部分时间内都能享受到适宜的气候条件。

3.种植区与自然景观融合

种植区是乡村庭院的重要组成部分,它不仅提供了观赏价值,还能增强庭院的生态功能。在布局种植区时,应考虑植物的生长习性和季节变化,选择适宜的植物种类。可以设置不同的种植床,如蔬菜园、香草园或观赏花园,以满足大家不同的园艺爱好。同时,应利用自然地形和水体,如小溪、池塘或人工瀑布,来创造自然景观,增加庭院的层次感和动态美。

4.私密空间与休闲角落

在庭院中设置私密空间,可以为居民提供一个放松和独处的地方。这些空间通常位于庭院的隐蔽角落,利用植物、篱笆或屏风来界定。私密空间的设计应注重舒适性和隐私性,可以设置吊床、秋千或小型凉亭等设施。此外,庭院中的休闲角落,如阅读角、茶座或瑜伽区,也是提升生活品质的重要元素。这些角落应布置在视野开阔、光线充足的地方,营造出宁静和谐的氛围。

5.多功能区域的灵活布局

乡村庭院空间有限,因此多功能区域的设计尤为重要。例如,可以将户外用餐区与烧烤区相结合,或者在休闲座椅区附近设置可移动的置物架,以适应不同的活动需求。在布局时,应考虑空间的灵活性,确保家具和设施可以根据季节和活动需求进行调整。此外,多功能区域的设计还应考虑到存储空间,如设置户外储物柜或工具架,以保持庭院的整洁。

6. 庭院照明与夜间景观

良好的照明设计不仅能够提升庭院的夜间安全性,还能增强夜间的景观效果。照明应采用柔和的光源,避免产生眩光。可以利用太阳能灯具或感应灯,实现节能和环保。在布局照明时,应考虑光线的方向和强度,突出庭院的重点区域,如水景、雕塑或特色植物。此外,还可以通过灯光的色温和亮度变化,营造出不同的氛围,如浪漫、温馨或神秘。

乡村庭院空间布局是一个综合性的设计过程,需要综合考虑入口、活动区、种植区、私密空间、多功能区域以及照明等多个方面。通过精心规划和设计,设计人员可以创造出既实用又美观、既舒适又具有生态价值的乡村庭院。这样的庭院不仅能够提升居民的生活质量,还能成为乡村文化和自然景观的展示窗口。在设计过程中,应注重细节,尊重自然,以人为本,以实现人与自然的和谐共生。

乡村庭院景观

三、乡村庭院文化与特色营造

1.挖掘与传承地方文化

乡村庭院的文化营造应从挖掘和传承当地的文化开始,需要对乡村的历史、民俗、传统手工艺、地方建筑特色等进行深入研究。在庭院设计中,可以将这些文化元素融入景观布局、建筑装饰、植物选择和装饰小品中。例如,利用当地传统的建筑材料和工艺建造庭院的亭台楼阁,或者在庭院中设置展示当地非物质文化遗产的小型展览区。这样的设计不仅能够增强庭院的文化氛围,还能让居民和游客更好地了解和体验乡村文化。

2.利用地域特色植物

植物是庭院文化与特色营造的重要元素。选择具有地域特色的植物种类,不仅能够体现乡村的自然风貌,还能增强庭院的生态功能。例如,可以选择当地特有的花卉、果树和药用植物,这些植物不仅美观,还能提供食物、药材等实用价值。在种植布局上,可以模拟自然生态,创造微缩的自然景观,如小溪旁的湿地植物群落、山坡上的草本植物带等,以此来展现乡村的自然美。

3.融入艺术与创意元素

艺术与创意是乡村庭院文化营造的点睛之笔。可以借助雕塑、壁画、装置艺术等,将现代艺术与乡村传统相结合,为庭院增添独特的艺术气息。这些艺术作品可以是反映乡村生活场景的,也可以是抽象的、富有象征意义的。此外,还可以定期举办庭院艺术节,邀请当地艺术家参与创作,让庭院成为文化交流的平台。

4.打造互动体验空间

庭院不仅是观赏的场所,更是居民生活互动的空间。在庭院设计中,应考虑设置互动体验区,如手工艺品制作区、农耕体验区、户外教学区等。这些空间可以让居民参与庭院的管理和活动,增强归属感和社区凝聚力。例如,可以设置一个共享菜园,居民可以在这里种植蔬菜,共同维护,分享收获。这样的互动体验不仅丰富了庭院的功能,也促进了居民之间的交流与合作。

❋ 乡村庭院文化

5.注重可持续发展理念

在乡村庭院的文化与特色营造中,可持续发展的理念至关重要。在设计和建设过程中,应尽量减少对环境的破坏,利用可再生资源,如太阳能、雨水收集系统等。同时,庭院的维护和管理也应遵循生态原则,如使用有机肥料、实施生物防治等。通过这些措施,庭院不仅能够成为展示乡村文化的舞台,还能成为生态教育的实践基地。

乡村庭院的文化与特色营造是一项综合性的工程,它要求设计师深入了解当地文化,巧妙地将文化元素融入庭院的每一个角落。设计师应充分挖掘地方文化、利用地域特色植物、融入艺术创意、打造互动体验空间以及注重可持续发展。事实上,乡村庭院不仅能够成为居民生活的一部分,还能成为展示乡村文化、促进社区发展的平台。在设计过程中,应注重居民的参与和体验,让庭院成为连接过去与未来、自然与人文的桥梁。

第二节

乡村庭院景观详细设计

一、植物配置与季相变化

1.植物配置的基本原则

在乡村庭院的植物配置中,应遵循生态平衡、美观和谐、维护简便和适应性强的原则。首先,植物的选择应与庭院的生态环境相协调,考虑土壤、光照、水分等条件,选择适宜生长的植物。其次,植物的配置应注重色彩、形态和质感的搭配,创造出丰富多样的视觉效果。此外,庭院植物的维护应简便易行,避免过高的维护成本。最后,植物应具有较强的适应性,能够抵御病虫害和恶劣气候条件。

2.季节性植物的选择与布局

乡村庭院的植物配置应考虑四季变化,确保庭院在不同季节都有吸引人的景观。春季,可以选择早春开花的植物如迎春花、桃树等,为庭院带来生机;夏季,应配置耐热、耐湿的植物,如紫薇、荷花等;秋季,可以选择变色叶植物和果实累累的树种,如枫树、柿子树等,增添秋日色彩;冬季,应保留常绿植物和冬季开花植物,如松树、蜡梅等,保持庭院的生机。

3.植物的层次与结构设计

庭院植物的层次与结构设计对于创造丰富的季相变化至关重要。配置不同高度的植物,如高大的乔木、中等高度的灌木和低矮的地被植物,可以形成立体的绿色空间。同时,植物的生长习性也应考虑在内,如攀缘植物可以用于覆盖墙面或篱笆,形成垂直绿化。此外,植物的开花和结果时间也应错开,确保庭院在全年都有花果可赏。

4.植物的功能性配置

除了观赏价值,植物在庭院中还应发挥其功能性。例如,可以配置具有净化空气、吸收噪声、防风固沙等功能的植物。在庭院的入口和边界,可以种植高大的乔木或灌木,形成屏障,提供隐私保护。在休闲区域,可以配置耐踩踏的草本植物,供人们休息和活动。在水体周围,可以种植水生植物,如睡莲、香蒲,既美化水景,又净化水质。

5.植物的维护与管理

植物的维护与管理对于保持庭院的季相变化至关重要。应定期对植物进行修剪、施肥和病虫害防治,确保其健康生长。对于季节性植物,应在适当的时间进行更换,如在秋季移除枯萎的夏季植物,种植耐寒的冬季植物。此外,还应根据植物的生长情况调整光照和水分,确保植物在不同季节都能展现出最佳状态。

乡村庭院的植物配置与季相变化是庭院设计中的重要内容。合理选择植物种类,巧妙布局,精心维护管理,可以使庭院在不同季节展现出独特的魅力。在设计过程中,应充分考虑植物的生态适应性、观赏价值和功能性,创造出既美观又实用的乡村庭院景观。

二、道路铺装设计

1.道路铺装的功能与美学

乡村庭院的道路铺装设计不只是为了方便行走,也是庭院美学的重要组成部分。道路铺装应与庭院的整体风格相协调,同时应考虑实用性和耐用性。在设计时,应选择适合当地气候和环境的材料,如石板、鹅卵石、青砖等,这些材料不仅具有良好的耐候性和抗压性,还能与自然景观相融合。此外,道路铺装的设计应考虑排水问题,确保雨水能够顺畅排放,避免积水。在美学上,可以采用不同的铺装图案、颜色和质感,创造出丰富的视觉效果,引导视线,增强空间感。

2.生态友好的铺装材料选择

在乡村庭院道路铺装设计中,应选择生态友好的材料,优先考虑可再生、可回收的材料,如再生砖、透水混凝土等。这些材料不仅对环境影响小,还能促进雨水渗透,有助于地下水补给和减少城市热岛效应。同时,选择本地材料可以减少运输过程中的碳排放,支持当地经济发展。在设计时,还应考虑材料的维护成本,选择易于清洁和维护的材料,以降低长期的维护费用。

3.道路铺装的人性化设计

人性化是乡村庭院道路铺装设计的一个要点。道路应宽敞平坦,便于行人和车辆通行。对于有儿童和老人的家庭,应考虑道路的防滑性能,避免使用过于光滑的材料。此外,道路的宽度和转弯半径应适应轮椅和婴儿车等设备的使用。在设计中,还应考虑夜间照明,确保道路在夜间也安全易行。通过这些人性化的设计,庭院道路不仅美观,令居民赏心悦目,还能提升居民的生活质量。

4.道路铺装的多样性与创新

乡村庭院道路铺装不应局限于传统的直线或曲线设计,可以采用创新的铺装方式,如使用不同形状和大小的铺装材料,或者在道路中嵌入艺术元素,如马赛克等,来增加道路的趣味性和艺术性。这种多样性的设计不仅能够吸引游客,还能激发居民的创造力和参与感。同时,道路铺装的多样性也有助于区分庭院的不同功能区域,如休闲区、观赏区和活动区。

5.道路铺装与庭院景观的融合

道路铺装应与庭院的其他景观元素如植物、水体、建筑等和谐融合。在设计时,可以考虑将道路作为景观的一部分,通过道路的走向和布局,引导人们的视线和步伐,欣赏庭院中的美景。例如,可以设计一条蜿蜒的小径,穿过花丛,或者沿着水边,让人们在行走中体验自然之美。此外,道路铺装的颜色和质感也应与周围环境相协调,从而形成统一的景观风格。

乡村庭院道路铺装设计不仅关系到庭院的实用性,更是庭院美学和生态友好性的重要体现。在设计过程中,设计人员应综合考虑功能需求、材料选择、人性化设计、多样性创新以及与庭院景观的融合,创造出既美观又实用的乡村庭院道路。通过精心设计,庭院道路可以成为连接庭院各个区域的纽带,为乡村庭院增添独特的魅力。

三、水景设计

1.水景设计的生态价值与美学意义

乡村庭院中的水景设计不仅能够增添庭院的生机与活力,还具有重要的生态价值。水体可以调节庭院微气候,降低温度,增加空气湿度,同时为野生动物提供栖息地。在美学上,水景能够反射周围环境,创造出宁静而富有动感的景观效果。设计时应考虑水体的形状、大小、深度以及与周围环境的和谐融合,以达到美观、生态的设计目标。

2.水景类型的选择与布局

乡村庭院水景设计可以根据庭院的大小、地形和功能需求选择不同类型的水景。小型庭院适合设置小型喷泉、水钵或壁泉,这些水景占地面积小,易于维护,且能为庭院增添精致感。较大空间的庭院则可以考虑设计池塘、溪流或人工湖,这些水景能够提供更多的观赏和休闲空间。在布局上,水景应与庭院的入口、休闲区、观赏区等重要节点相结合,形成视觉焦点,引导人们的视线和活动路径。

3.水景的生态设计原则

在乡村庭院水景设计中,应遵循生态设计原则,确保水体的自然循环和净化。可以采用生态池、生物滤池等技术,利用植物、微生物和物理过滤来净化水质。此外,水景的设计应考虑水的循环利用,如对雨水收集和再利用,减少对外部水源的依赖。在植物选择上,应优先考虑耐水湿、净化能力强的水生植物,如荷花、睡莲等,这些植物不仅能美化水景,还能帮助净化水质。

4.水景的安全与维护

乡村庭院水景的安全设计至关重要,特别是对于有儿童的家庭。水体的边缘应设计成缓坡,避免太大的落差,减少溺水风险。水景的深度也应控制在安全范围内,同时设置警示标识。在维护方面,应定期清理水体中的落叶、杂物,保持水质清洁。对于喷泉、泵等设备,应定期检查维护,确保其正常运行。

5.水景与庭院其他元素的融合

水景设计应与庭院的其他景观元素如植物、道路、建筑等相协调。可以采用水景来衬托植物的倒影,或者利用水声来营造宁静的氛围。在道路设计中,可以设置小桥、汀步等元素,让人们在穿越水景时有更丰富的体验。此外,水景还可以与庭院的照明设计相结合,利用灯光的照射,营造出梦幻般的夜间景观。

乡村庭院水景设计是提升庭院品质的重要手段。在设计过程中,应充分考虑水景的生态价值、美学意义、安全维护以及与庭院其他元素的融合。通过科学合理地设计,水景不仅能够为乡村庭院增添生机与活力,还能成为生态友好、可持续发展的典范。在实践中,应注重细节,尊重自然,创造出既美观又实用的乡村庭院水景。

※　乡村庭院水景

四、小品与附属设施设计

1. 小品设计的文化内涵与创意表达

乡村庭院小品是庭院设计中的点睛之笔，它们不仅能够丰富庭院的视觉效果，还能传递特定的文化内涵。在设计小品时，应深入挖掘当地的文化特色和历史故事，将这些元素巧妙融入小品之中。例如，可以设计以当地传统农具为主题的雕塑，或者以民间传说为灵感的景观装置。这些小品不仅具有观赏价值，还能激发居民对本土文化的认同感和自豪感。同时，小品的设计应富有创意，凭借其独特的造型、色彩和材质，能吸引人们的注意，成为庭院中的焦点。

2. 附属设施的功能性与舒适性

乡村庭院的附属设施包括座椅、凉亭、烧烤区、儿童游乐设施等，这些设施的设计应注重功能性，满足居民的实际需求。例如，座椅应考虑人体工程学原理，凉亭应具备遮阳避雨的功能，同时与庭院的整体风格相协调。附属设施的设计还应考虑舒适性,如在座椅周围种植遮阴植物,或者在烧烤区设置排烟设施,以提升使用体验。

3.小品与附属设施的生态融合

在乡村庭院中,小品和附属设施的设计应与自然环境和谐共存。这要求设计师在选材和布局上考虑生态因素。例如,使用本地的可持续材料,如竹子、石头等,减少对环境的影响。在布局上,应充分利用自然地形,如将凉亭建在树荫下,或者将座椅设置在水边,让人们在享受设施的同时,也能感受到自然的魅力。此外,附属设施的设计还应考虑节能和环保,如使用太阳能照明、雨水收集系统等。

4.小品与附属设施的维护与管理

良好的维护和管理是确保小品和附属设施能长期美观和功能完好的关键。在设计时,应考虑材料的耐候性和易清洁性,减少维护工作量。同时,应明确维护的具体任务,如定期清洁、检查设施的安全性等。对于小品,应考虑其耐候性和抗破坏性,确保其在恶劣天气和人为破坏下仍能基本保持原貌。附属设施应设计成易于拆卸和更换,以便于维护和更新。

5.小品与附属设施的互动性与教育意义

乡村庭院中的小品和附属设施不仅是静态的装饰,还可以成为互动和教育的设施。例如,可以设计互动式的儿童游乐设施,如攀爬架、迷宫等,让孩子们在玩耍中锻炼身体和智力。附属设施如小型温室、菜园等,可以作为教育基地,让居民参与种植,了解植物生长的过程。这样的设计不仅能增加庭院的趣味性,还能提升居民的环保意识和生活技能。

乡村庭院小品与附属设施的设计不仅能丰富庭院的视觉效果,还能提供很多实用的功能。在设计过程中,设计人员应注重文化内涵的融入、生态融合、维护管理以及互动教育,创造出既美观又实用的庭院空间。通过这些设计,乡村庭院不仅能够成为居民休闲放松的好去处,还能成为传承文化、教育后代的生动课堂。

第三节
乡村庭院景观设计案例

一、某乡村庭院景观设计

1.项目概况

整个庭院呈不规则六边形，庭院面积579.05 m²，乡村住宅建筑一层面积140.15 m²，建筑被庭院包围，西北面和北面背阴，东西面和南面向阳。建筑为现代风格，北面为直通庭院的住区道路，西侧和南侧是以院墙为界的住区公共绿地，东侧是别家住户的庭院，庭院内地势平坦，无明显高差。除场地内部有需要修剪、除去的杂草之外，整体造景

❋ 某乡村庭院项目现状

条件较好。在住宅建筑入户东侧有一个水池，水池高出地面30 cm，造型不美观，后期设计中需做景观化处理。

2.设计理念

庭院作为一个非正式的交流场所，可达性强，活动面足够，是一个能够让业主驻足停留的自由空间。运用几何图形相互并置、冲突、融合等构图形式，

以植物造景为主,搭配流畅的园路、具有美式风格的休闲躺椅和景观灯具等景观小品,可以为业主提供满足其游憩、休闲、观景等功能的庭院环境。除了满足使用功能,营造不同形式的空间还能给业主带来不同的空间感受。如休闲活动区和疏林草地区塑造的是敞开空间,给人以明朗的感受;安静休息区则采用半敞开的空间形式,休憩的同时又不会过分压抑;户外就餐区可采用密闭空间的形式,能给人强烈的空间感和私密感。各种形式的空间相互搭配,并进行合理的过渡,能给人以丰富的情感和视觉体验。大气的空间形式既符合现代审美的需求,又体现出美式庭院自由、热情的特点。

3.方案设计

(1)水景设计

水景部分融入了涌泉、跌水等元素,与景墙、植物、汀步等相结合营造活泼惬意的庭院氛围。跌水塑造出水景的纵向空间景观,并与涌泉一起发出声响。以跌水和涌泉作为动力,塑造水位高差,让庭院内部的水体自然流动、循环,形成动态水景。这能增加庭院环境的灵性和美感,满足业主的亲水需求,营造出生态、美观、活泼的环境。

(2)园路设计

园路设计部分首先要满足业主的功能需求,体现通透性,贯穿整个庭院,方便业主的庭院内部活动。使用铺装的材质、色彩和纹理的变换引导游线,铺装材料以石材、砖材、防腐木等为主,各有特色,相辅相成。在节点处点缀景观小品,在变化中增添趣味性。在空间较为开敞的位置,如庭院入口处、各节点处主要以规整的铺装地面为主,在节点位置,道路需要拓展出一块缓冲空间,在有利于通行疏散的同时,还可以丰富空间感受。

(3)园林小品设计

运用景墙、廊架等景观小品可以丰富景观层次。在休闲活动区可以设置烧烤架、矩形餐桌,在安静休息区可以设置折叠椅或木质的长凳、躺椅等室外家具,满足业主的功能需求。同时,室外家具的摆放位置对空间的使用效率有直接影响。运用地灯、射灯、水下灯等照明措施,营造庭院的夜间景观氛围。

庭院景观小品设计追求在造型、色彩的做法上有新意，与庭院整体环境相适宜，可以与植物、水体等景观要素搭配，也可以单独成景。

（4）种植设计

在植物种类选择与搭配上需要充分考虑不同植物的季相变化及其相互之间的色彩搭配，保证四季常绿、三季有花的景观效果。乔木是撑起庭院空间体量的背景树，不同种类的乔木植株高矮、树形和花期各不相同。在庭院景观的整体设计中，需要将乔木植株的高矮、冠幅的大小、树形和花的色彩均考虑在内，综合予以应用。尤为需要注意的是，如果是在北方，由于北方冬季气候寒冷，落叶乔木通常会枝干光秃，影响庭院景观效果，因此需要增加常绿树种

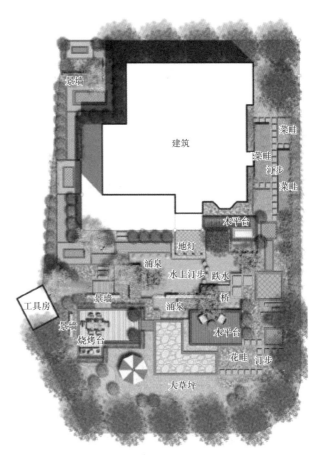

❋ 某乡村庭院平面设计方案

的比例，使得冬季庭院内也不缺乏绿色。花灌木作为庭院中色彩的点缀，同样需要考虑不同季节的色彩变化以及不同树种间的色彩搭配，做到合理、美观。充分用好植物素材的形体和质感，在满足生态功能的同时，可以营造出充满意境的庭院空间格调。

第六章
村镇附属绿地
规划设计

⊙ 村镇附属绿地功能与类型

⊙ 村镇附属绿地设计与维护

⊙ 村镇附属绿地规划设计案例

第一节
村镇附属绿地功能与类型

一、村镇附属绿地功能

村镇附属绿地作为乡村景观规划的重要组成部分，不仅可以美化乡村环境，还承担着生态保护、文化传承、社会交往和促进经济发展等多重功能。

※ 村镇附属绿地

1.生态保护功能

首先,村镇附属绿地能够为野生动植物提供生存空间,维持生态平衡,有利于维护生物多样性。其次,绿地通过植被的光合作用吸收二氧化碳,释放氧气,可以改善微气候。最后,绿地还能够吸收雨水,减少径流,降低洪水风险,同时通过土壤的过滤作用,减少水体污染。在设计时,应考虑植物种类的多样性和适应性,以及绿地的连通性,以增强其生态保护功能。

2.文化传承功能

村镇附属绿地不仅是自然景观的组成部分,也是文化传承的载体。绿地中可以融入当地的历史遗迹、民俗文化和乡土特色,例如,可以利用传统园林元素,如亭台楼阁、石桥流水,以及具有地方特色的植物配置,来体现乡村的文

化特色。这样的设计不仅可以丰富绿地的文化内涵，也能为村民和游客提供了解当地文化的机会。

3.社会交往功能

村镇附属绿地是村民日常社交活动的重要场所。绿地提供了休闲、娱乐、运动的空间，促进了村民之间的交流与互动。设计时应考虑不同年龄层的需求，设置儿童游乐区、老年人休闲区、运动健身区等多功能区域。此外，绿地还可以作为举办节庆活动、社区集会的场所，可以增强社区凝聚力，促进社会和谐。在规划时，应注重绿地的可达性和无障碍设计，确保所有村民都能方便地享受到绿地带来的社会交往机会。

4.促进经济发展

绿地对于乡村经济的发展也具有积极影响。首先，优美的绿地环境能够吸引游客，促进乡村旅游业的发展。其次，绿地可以作为农产品展示和销售的场所，如设立农产品直销点，推广当地特色农产品。此外，绿地还可以带动周边商业、餐饮、住宿等相关产业的发展，创造就业机会，增加村民收入。在设计时，应考虑如何将绿地与乡村经济活动相结合，实现生态与经济的双赢。

村镇附属绿地的功能是多方面的，它们在生态、文化、社会和经济层面都发挥着重要作用。在规划设计过程中，应综合考虑这些功能，采用科学合理的布局和创新的设计，实现绿地的最大价值。同时，还应注重绿地的可持续性，确保其长期为乡村发展做出贡献。

二、村镇附属绿地分类与规划原则

1.村镇附属绿地分类

村镇附属绿地是指在村镇规划中，为了提高居民生活质量、改善生态环境、促进可持续发展而设置的绿色空间。这些绿地根据其功能、位置和形态，可以分为以下几类。

（1）生态绿地

生态绿地主要强调自然生态的保护和恢复,包括自然保护区、生态公园、湿地等。它们对于维护生物多样性、净化空气、调节气候具有重要作用。在规划时,应考虑生态敏感区域的保护,确保生态绿地的连续性和完整性。

（2）休闲绿地

休闲绿地为居民提供日常休闲、娱乐的场所,如公园、广场、街头绿地等。这类绿地的设计应注重人性化,提供多样化的活动空间,如儿童游乐区、健身设施、观景台等,以满足不同年龄层居民的需求。

（3）生产绿地

生产绿地主要指用于农业生产的绿地,如农田、果园、菜园等。在村镇规划中,这类绿地不仅要考虑农业生产的需要,还要考虑其对村镇景观的贡献,以及如何与休闲绿地相结合,形成多功能的绿色空间。

（4）防护绿地

防护绿地主要用于防范自然灾害、减少环境污染、降低噪声等,如防风林带、河岸绿化带、道路绿化带等。规划时,应考虑绿地的防护功能,合理布局,确保其有效性。

（5）文化绿地

文化绿地结合了自然景观与人文历史,如纪念性公园、历史遗址绿地等。这类绿地在规划时,应注重保护和传承地方文化,同时创造具有教育意义的休闲空间。

2.规划原则

（1）生态优先原则

在村镇附属绿地的规划中,应首先考虑生态保护和恢复,确保绿地系统的健康和可持续发展。在规划过程中,要特别关注生态敏感区域,保护生物多样性,同时促进生态系统服务功能的发挥。

（2）人性化设计原则

绿地规划应以居民的需求为中心，为居民提供舒适、安全、便捷的休闲空间。设计时要考虑到不同年龄、性别、身体状况的居民，应采取无障碍设计，确保绿地的可达性。

（3）多功能性原则

村镇附属绿地应具备多种功能，如生态保护、休闲游憩、农业生产等。规划时，应充分利用绿地的多功能性，实现资源的最大化利用，避免功能单一化。

（4）连续性与网络化原则

绿地系统应形成连续的生态网络，利用绿道、生态廊道等连接各个绿地，增强生态系统的整体性和连通性。

（5）本土化原则

在绿地规划中，应尊重当地的自然条件、文化特色和居民习惯，选择适宜的本土植物，体现地方特色，同时鼓励居民参与绿地的建设和管理，增强归属感。

（6）经济性原则

绿地规划和建设应考虑成本，确保项目的可行性和可持续性。在满足生态和休闲需求的同时，应考虑绿地的维护成本，以及如何通过绿地提升村镇的经济价值。

（7）动态管理原则

村镇附属绿地的规划和管理应具有动态性，随着社会经济的发展和居民需求的变化，应适时调整绿地的功能和布局，建立长效管理机制，确保绿地系统的长期健康发展。

基于上述规划原则进行规划设计，村镇附属绿地将成为提升村镇居民生活质量、促进生态文明建设的重要载体。在实际规划过程中，设计人员应结合村镇的实际情况，灵活运用这些原则，创造出既美观又实用的绿色空间。

第二节
村镇附属绿地设计与维护

一、村镇附属绿地设计要点

1.生态友好性设计

在村镇附属绿地的设计中,生态友好性是首要考虑的因素。设计师应遵循自然生态原则,选择适应当地气候和土壤条件的本土植物,以减少对外部资源的依赖,也可以降低维护成本。绿地设计应注重生态多样性,可以模拟自然群落结构,创造适宜多种生物栖息的环境。此外,绿地应具备良好的水土保持功能,采用合理的地形设计和水系布局,可以实现雨水的自然渗透和循环利用。在施工过程中,应尽量减少对原有生态环境的破坏,采用生态工程技术,如生态护坡、生物滞留池等,以保护和恢复生态系统。

2.文化融合与创新

村镇附属绿地的设计应融入当地文化元素,反映乡村的历史、民俗和地域特色。设计师可以研究当地文化背景,提取具有代表性的符号和元素,将其巧妙地融入绿地景观中。例如,利用当地传统建筑材料和工艺,设计具有地方特色的亭台、步道和座椅等。同时,绿地可以作为展示当地非物质文化遗产的平台,比如,可以设置传统农耕文化展示区、民俗活动广场等。在创新方面,设计师可以尝试将现代设计理念与传统文化相结合,创造出既具有时代感又不失乡土气息的绿地空间。

3.多功能性与人性化设计

村镇附属绿地应满足不同人群的需求,设计时应考虑多功能性。绿地应包含休闲、娱乐、运动、教育等多种功能区域,其中可以安装儿童游乐设施、健身器材,建设观景台等。同时,绿地设计应注重人性化,确保空间布局合理,路径清晰,无障碍设施完善,方便各类人群使用。绿地的照明设计也应考虑夜间安全和节能,采用太阳能路灯等环保照明方式。此外,绿地还应具备应急避难功能,如在自然灾害发生时可作为临时避难所。

4.可持续性设计

绿地的可持续性是设计的重要目标。设计师应考虑村镇附属绿地的长期维护和管理,选择耐候性好、生长周期长、维护成本低的植物。绿地的灌溉系统应采用节水技术,如滴灌、喷灌等。绿地的垃圾收集和处理也应纳入设计考虑,应设置合理的垃圾收集点。

村镇附属绿地的设计是一项系统工程,需要综合考虑生态、文化、功能和可持续性等多方面因素。设计师应以科学的态度和创新的思维,将绿地打造成为生态友好、文化丰富、功能多样、易于维护的乡村景观。通过精心设计,村镇附属绿地不仅能够提升乡村的形象,还能为村民提供高质量的生活环境,促进乡村的可持续发展。

⌂ 二、村镇附属绿地维护与管理策略

1.建立长效管理机制

村镇附属绿地的维护与管理需要建立长效机制,确保绿地的持续健康发展。首先,应制定明确的绿地管理规章制度,包括绿地的使用规范、维护标准和责任分配。这些规章制度应与当地法律法规不冲突,这样才能确保规章制度的合法性和可执行性。其次,应设立专门的绿地管理机构或指定相关部门负责绿地的日常维护工作,包括植物养护、设施维修、环境清洁等。此外,还应建立定期巡查和评估制度,及时发现并解决绿地存在的问题。

2.社区居民参与绿地管理

鼓励社区居民参与绿地的维护与管理,是提高绿地管理效率和效果的有效途径。可以设立志愿者团队,组织居民参与绿地清洁、绿化种植等活动,增强居民的环保意识和责任感。同时,可以召开社区议事会,让居民参与绿地的规划和决策过程,使绿地的设计和管理更加符合居民的需求。此外,还可以举办绿地相关的文化活动,如花展、环保教育活动等,提高居民对绿地的关注度和对绿地管理的参与度。

3.经济激励与资金保障

绿地的维护与管理需要充足的资金支持。应采用多元化的资金筹措方式筹集资金,包括政府拨款、社会捐赠、企业赞助等,确保绿地维护的资金来源。同时,可以探索绿地的经济效益,如可以开展农产品销售实现一定的经济收益。此外,还可以用好政策优惠,如税收减免、土地使用优惠等,激励企业和个人参与绿地的管理和维护。

4.技术与培训支持

绿地的科学维护需要专业的技术支持。应定期对绿地管理人员进行培训,提高他们的专业知识和技能,特别是在植物养护、病虫害防治、节水灌溉等方面的能力。同时,可以引入现代信息技术,如GIS和物联网技术,实现绿地的智能化管理。例如,可以安装智能灌溉系统,根据植物生长状况和天气条件自动调节灌溉量,既能节约水资源,又能保证植物健康生长。

5.环境教育与公众意识提升

提升公众的环保意识和参与度是绿地维护与管理的一项长期工作。可以在学校、社区开展环境教育活动,让公众了解绿地的重要性和绿地维护知识。此外,还可以利用媒体和网络平台,宣传绿地的维护成果和环保理念,激发公众的参与热情。通过这些方式,可以形成全社会共同关心和维护绿地的良好氛围。

村镇附属绿地的维护与管理是一项系统工程,需要政府、社区、企业和公众的共同努力。建立长效管理机制、鼓励社区参与、确保资金保障、提供技术与培训支持以及加强环境教育,可以有效地提升绿地的维护管理水平,实现绿地的可持续发展。这不仅能够改善乡村的生态环境,还能提升居民的生活质量,促进乡村的整体发展。

第三节
村镇附属绿地规划设计案例

一、涞滩镇白云村一、二、三产业融合中心景观设计

1.项目概况

项目基地位于重庆市合川区涞滩镇白云村一社,建设用地面积2 907 m²,建筑面积 769.17 m²,对场地进行景观建筑的改造,包含白云村一、二、三产业融合中心

❀ 场地现状

新建建筑、游客停车区、亲子游乐场、休闲广场等。项目用地距涞滩镇约10 km,距合川区中心城区约28 km,距重庆市中心城区约60 km,属于重庆近郊田园综合体,农旅融合乡村振兴示范点。村庄紧靠双龙湖,青山环绕、绿水相映、山灵水秀、人文和谐。项目场地整体地势平坦,村委会建筑老旧,停车场不规范。绿化覆盖率高,但品种少且缺少养护。公共设施稀缺,时尚性与美观性不足。虽然地势总体平坦,但需要改善的空间依然很大。

2.设计目标

项目以改善生态环境、重建景观环境、打造美丽乡村景观为设计目标。针对白云村一、二、三产业融合中心场地进行植物配置,增添屋顶区域,在屋顶植物配景上采用根系不发达的植物。地面上的乔木、灌木、地被遵循自然条件设计,按照当下人们的审美进行排列。小品的设计应与整体的设计思路相吻合,花架植物与屋顶的绿化相互呼应。

3.设计理念

"祥云入境,和谐共融。"以祥云建筑为出发点,加入中国元素景观:竹子,营造出山灵水秀,人文和谐的氛围。紧靠双龙湖打造场地的地标性、景观性、舒适性、文化性,以满足乡村文化旅游需求。

4.设计思路

采取中国元素的竹子与建筑祥云元素进行呼应,体现风格的统一和浓厚的中国传统色彩。在整体线条设计上采取自然式设计,场地地形上进行抬高,加入的步行道配合景观营造出曲径通幽的意境,呈现

❉ 总体设计鸟瞰图

一步一景的景观效果。屋顶绿化设计配合建筑整体的圆线条使得环境整体更为生动有趣。在铺装方面,选择常见的、造价不高的材料。为契合乡村景观主题,采用大小乔木结合的方式进行布置,能够有结构上的美感。在色彩方面,选用了鸡爪槭、红枫这类颜色鲜艳的乔木来种植,并加入桂花树,带给人们嗅觉和视觉的双重美感。

第七章
村镇公共空间景观规划设计

⊙ 村镇公共空间功能与设计

⊙ 村镇公共空间景观元素

⊙ 村镇公共空间景观规划设计案例

第一节

村镇公共空间功能与设计

一、村镇公共空间的定义及划分

1.村镇公共空间的定义

村镇公共空间是指在乡村社区中,供居民共同使用和享受的开放区域。这些空间通常包括但不限于广场、公园、绿地、街道、集市、文化空间等,它们是社区生活的重要组成部分,承担着社交、休闲、文化、经济等多种功能。公共空间的设计和管理直接影响居民的生活质量和社区的凝聚力。在乡村景观规划设计中,公共空间的合理规划和有效利用对提升乡村的整体形象和居民的幸福感具有重要意义。

::: 村镇公共空间景观

2.公共空间的类型划分

村镇公共空间可以根据其功能、规模、位置和使用频率等进行划分。以下是几种常见的公共空间类型。

(1)社交型公共空间

这类空间主要用于居民的社交活动,如村民议事广场、社区活动中心等。它们通常位于村镇的中心地带,便于居民聚集和交流。设计时,应考虑空间的开放性和灵活性,以适应不同的社交活动需求。

(2)休闲型公共空间

这类空间为居民提供放松和娱乐的场所,如公园、绿地、休闲步道等。在设计时,应注重自然景观的营造和休闲设施的配置,如座椅、健身器材等,以满足居民的休闲需求。

(3)文化型公共空间

这类空间承载着传承和展示当地文化的功能,如文化广场、民俗博物馆、传统市场等。设计时应融入地方文化元素,借助建筑、雕塑、装饰等展现乡村的历史和特色。

(4)经济型公共空间

这类空间与村镇的经济活动密切相关,如集市、商业街区等。在规划时,应考虑空间的经济活力,合理布局商业设施,促进当地经济发展。

(5)交通型公共空间

这类空间主要指村镇的主要道路、桥梁、交通枢纽等。它们不仅是连接村镇内外的通道,也是居民日常出行的重要场所。设计时应注重交通的便捷性和安全性,同时考虑绿化和美化,提升空间的舒适度。

二、村镇公共空间设计要点

1.人性化设计

村镇公共空间的设计应遵循人性化原则,确保空间的舒适性和便利性。

设计师需要考虑居民的日常活动习惯,如步行路径的设置应避免陡峭和不平整,确保轮椅和婴儿车能够顺畅通行。座椅和休息区应提供足够的遮阳和避雨设施,同时考虑到不同年龄段居民的需求,如儿童游乐设施的安全性和老年人休闲设施的舒适性。此外,公共空间的照明设计应确保夜间的安全和舒适,避免光污染。

2.多功能性与灵活性

村镇公共空间应具备多功能性,以适应不同活动的需求。设计时应考虑到空间的灵活性,使其能够容纳从日常休闲到大型社区活动的各种用途。例如,广场可以设计成可举办集市、文化演出和体育赛事的多功能场所。绿地和公园可以设置可移动的家具,以便根据活动需要进行空间重组。这样不仅能提高空间的使用效率,也能增强居民对公共空间的归属感。

3.生态与可持续性

在设计村镇公共空间时,应强调生态保护和资源的可持续利用。比如选择耐旱、耐贫瘠的本土植物,减少对水资源的依赖;利用雨水收集系统,实现雨水的循环利用;以及采用太阳能照明等可再生能源。此外,公共空间的设计应尽量减少对周围生态环境的破坏,保护现有的树木和水体,创造生物多样性的栖息地。

4.文化与地域特色

公共空间是展示村镇文化和地域特色的窗口。设计时应融入当地的历史、文化和民俗元素,如使用传统建筑材料和工艺,设置反映当地文化特色的雕塑和装置。这样的设计不仅能够增强居民的文化认同感,还能吸引游客,促进乡村旅游业的发展。此外,公共空间也可以作为教育场所,在这里举办互动展览和活动,可以让游客了解当地的文化。

5.安全与可达性

确保公共空间的安全和可达性是设计的重要考虑因素,应设置清晰的导向标识,确保居民和游客能够轻松找到所需的设施和服务。无障碍设计是提高可达性的关键,包括设置坡道、盲道和宽敞的通道,以适应残障人士和老年人的需求。此外,公共空间应配备必要的安全设施,如监控摄像头和消防设备,确保在紧急情况下能够迅速响应。

村镇公共空间的设计是一项综合性的工程,需要综合考虑人性化、多功能性、生态可持续性、文化特色以及安全可达性等多方面因素。通过精心规划和设计,公共空间不仅有利于提升居民的生活质量,还有利于村镇的持续发展。掌握这些设计要点,有助于指导具体的规划实践,促进村镇公共空间的合理利用和持续发展。在具体设计时,设计人员应结合村镇的实际情况,充分考虑居民的需求和期望,创造出既美观又实用的公共空间。

第二节
村镇公共空间景观元素

一、村镇景观元素布置与材料选择

1.景观元素布置策略

景观元素布置策略是村镇公共空间设计中的核心内容,它直接关系到空间的功能性、美观性和居民的使用体验。在确定布置策略前,首先需要对公共空间的功能需求进行深入分析,明确各个区域的主要活动类型,如休闲、集会、运动等。然后根据这些功能需求,合理规划空间布局,确保每个区域都能满足其特定的使用目的。

在空间流动性方面,应设计清晰的路径系统,引导人们自然地从一个区域过渡到另一个区域。这些路径可以设计为弯曲的,以增加空间的探索性和趣味性。同时,路径的设计应考虑到无障碍通行,确保所有居民都能方便地使用公共空间。

导向性设计也是布置策略的重要组成部分。设置标识牌、艺术装置或特色景观节点,可以引导人们的视线和行动,增强空间的导向性。这些导向元素不仅可以为人们在空间中导航,还能作为视觉焦点,提升空间的吸引力。

此外,景观元素的布置还应考虑到季节变化和自然条件。例如,可以种植不同季节开花的植物,确保全年都有美丽的景观。同时,应选择能够适应当地气候和土壤条件的植被,以减少维护成本并提高生态效益。

2.材料选择原则

材料选择直接影响村镇公共空间的耐久性、维护成本和环境状况。在选择材料时,应考虑其与当地环境的适应性。例如,如果村镇位于多雨地区,应选择耐水性好的材料;如果地处干旱地区,则应考虑节水和耐热的材料。

在考虑材料的美观性和功能性时,应优先选择那些能够提供良好触感、视觉效果和耐久性的材料。例如,石材和砖材因其自然纹理和色彩,能够为公共空间增添自然美感,同时具有较好的耐久性。金属和复合材料则因其现代感和易于维护的特性,适合用于现代风格的公共空间。

可持续性是材料选择的一个重要原则。应尽量选择可再生、可回收或低环境影响的材料。例如,使用再生混凝土、竹材或再生塑料等,不仅能够减少对环境的破坏,还能传递出环保的理念。

安全性也是材料选择时不可忽视的因素。在儿童游乐区和老年人活动区,应选择无毒、防滑、不易破损的材料,以保障使用者的安全。此外,材料的维护费用也应考虑在内,选择那些易于清洁和维护的材料,可以降低长期的运营成本。

二、村镇公共艺术与文化展示

村镇公共艺术与文化展示是乡村景观规划设计中的重要组成部分,它不仅能够营造乡村的文化氛围,还能够增强居民的文化认同感和归属感。以下是关于村镇公共艺术与文化展示的几个关键点。

1.公共艺术的融入与创新

公共艺术作品是乡村公共空间中的视觉焦点,能够为居民提供美的享受和思考的空间。在设计时,应考虑艺术作品与周围环境的和谐共存,以及作品本身与当地文化、历史的关联。艺术作品可以是雕塑、壁画等形式,它们不仅能够美化空间,还能够讲述当地故事,反映乡村特色。创新性是公共艺术的重要特征,设计师可以借助现代艺术手法,结合传统元素,创造出既具有时代感又富有地方特色的艺术作品。

2.文化展示空间的规划

村镇中的文化展示空间是传承和推广当地文化的重要平台。这些空间可以是博物馆、文化中心、历史建筑或者特定的文化主题公园。在规划这些空间时,应注重其教育性和互动性,让居民和游客能够参与体验,深入了解乡村的历史、民俗和艺术。例如,可以设置互动展览,让参观者通过触摸、操作等方式,亲身感受文化的魅力。同时,文化展示空间的设计应考虑到无障碍和多功能性,确保不同人群都能方便地参与和享受。

3.节庆活动与文化传承

村镇的节庆活动是文化传承的重要载体,也是公共艺术与文化展示的重要形式。举办传统节日庆典、艺术表演、手工艺展示等活动,可以吸引居民参与,增强社区的凝聚力。在设计这些活动时,应充分利用公共空间,如广场、公园等,作为活动的主要场地。同时,活动的设计应注重创新与传统的结合,让传统文化在现代社会中焕发新的活力。

4.教育与参与

教育是文化传承的关键,村镇公共艺术与文化展示应注重对青少年的教育作用。可以在学校、社区中心等地方设置艺术工作室、文化讲堂,让青少年在实践中学习和体验艺术与文化。此外,鼓励居民参与公共艺术的创作和维护,如社区壁画、雕塑的制作,不仅能够提升居民的参与感,还能够培养他们的艺术素养和创造力。

村镇公共艺术与文化展示是乡村景观规划设计中不可或缺的一环。通过精心设计和规划,公共艺术作品和文化展示空间不仅能够美化乡村环境,还能够成为传承和推广当地文化的重要平台。学习以上策略和方法,有助于指导规划实践,促进乡村文化的繁荣发展。在具体实施时,应结合村镇的实际情况,充分挖掘和利用当地的文化资源,创造出具有独特魅力的公共艺术与文化展示项目。

第三节
村镇公共空间景观规划设计案例

一、龙凤镇米兰村产业融合中心广场景观设计

1.项目概述

(1)工程名称:龙凤镇米兰村产业融合中心广场景观设计。

(2)工程位置:重庆市合川区龙凤镇米兰村。

(3)建设用地面积:3 474.626 m²。

(4)设计依据:龙凤镇米兰村提供的勘察资料、项目区位及设计规范。

※ 项目区位及概况

2.设计背景及目的

近年来,国家采取了一系列有力措施,助力乡村产业发展。目前,乡村产业发展势头良好。项目位于重庆市合川区龙凤镇米兰村,该区域大部分地段基岩埋藏较浅,局部地段基岩裸露,风化现象严重。在进行该乡村景观施工图设计时应该考虑其协调性与实用性,打造因地制宜的场地。发展好农村经济,建设好农民的家园,让农民过上宽裕的生活,才能保证全体人民共享经济社会发展成果,才能不断扩大内需和促进国民经济持续快速协调健康发展。龙凤镇米兰村产业融合中心广场景观设计应当在村庄的总体规划下,具体安排村庄的各项建设。村庄建设规划的主要内容,可以根据当地经济发展水平,参照集镇建设规划的编制内容,主要对道路、绿化、环境卫生以及生产配套设施做出具体安排,从而助力乡村振兴,展现城乡融合下的乡村特色。

3.设计理念

从人和自然环境和谐发展出发,提出"以人为本,打造舒适空间"的设计理念。广场铺装采用软质铺装和硬质铺装,草坪作为软质铺装起到了净化环境、减少噪声的作用,广场中心采用三种不同色调的水磨石,从视觉上可以让人们的心情得到放松。停车场的绿化种植起到了遮阴的作用。广场正中心的铺装图案是"龙凤呈祥",增加了一定的趣味性。

4.设计内容

(1)土建

在广场上设置花池用于消除空旷、阻隔行人及车辆、引导路线的作用。广场雕塑起到了缓解广场空荡的作用。

(2)绿化

项目场地属亚热带季风气候,具有空气湿润、冬季温暖、夏季炎热、春秋多雨、四季分明的特点,可以因地制宜地种植一些具有观赏价值的植物。

（3）铺装

广场可以用芝麻灰烧面、芝麻黑荔枝面材料进行地面铺装。台阶、过道等可以用水磨石材料进行铺装。道路可以采用沥青路面进行铺装。

（4）道路

可以在项目场地设计停车场配套的车道、步道。在广场上划分道路用于步行、游览或者交通集散。

（5）给排水

借助场地给水、排水设施（明沟、暗沟等），做好降、排、导、截水等工作。另外，在绿化带中考虑设置快速取水阀，保证养护用水。

（6）灯具

在广场、公共绿地等景观场所可以使用景观灯进行装饰照明。在绿化带、台阶、停车场等地可以使用埋地灯，用来做装饰或指示照明之用。在道路上可以设置路灯，在夜间给车辆和行人提供必要的照明。

❋　总体方案设计

第八章
乡村农业生产景观
规划设计

⊙ 农业生产景观与生态保护规划

⊙ 农业生产景观规划与实施

⊙ 农业生产景观规划案例

第一节

农业生产景观与生态保护规划

一、农业生产与乡村美学

　　农业生产是乡村地区经济活动的基础,而乡村美学则是提升乡村吸引力和居民生活质量的关键。将农业生产与乡村美学相结合,不仅能够促进乡村经济的发展,还能够提升乡村的整体形象,吸引游客,促进乡村旅游业的繁荣。

　　✦　农业生产景观

1.农业生产的美学价值

农业生产本身就是一种自然美学的体现。广阔的田野、季节性的作物更替,这些都是乡村特有的自然景观。在乡村景观规划设计中,应充分利用这些自然元素,采用合理的布局和设计,将农业生产区转化为具有观赏性的景观。例如,可以设计观景台或步道,让游客在不干扰农业生产的前提下,欣赏到农田的美景。同时,农业生产过程中的农具、灌溉系统等也可以成为乡村美学的一部分,成为乡村景观的特色元素。

2.农业景观的创意设计

创意设计可以将农业生产与乡村美学完美结合。设计师可以通过艺术化的手法,将农田、果园、菜园等农业区域设计成具有教育意义和体验价值的景观。例如,可以创建以特定作物为主题的园区,如薰衣草园、向日葵田等,这些园区不仅能够吸引游客参观,还能够提供农业科普教育。此外,还可以举办农事体验活动,如插秧、收割等,让游客亲身参与农业生产,体验乡村生活。

3.农业建筑与乡村风貌

农业建筑,如谷仓、农舍等,是乡村风貌的重要组成部分。在乡村景观规划设计中,应保护和修复这些具有历史价值的建筑,同时,新建的农业设施也应与乡村的整体风格相协调。例如,可以采用当地传统的建筑材料和建筑技术,设计既实用又具有地方特色的农业建筑。这样的建筑不仅能够满足农业生产的需求,还能够成为乡村的标志性景观。

农业生产与乡村美学的结合,是实现乡村可持续发展的重要策略。将农业生产的自然美、农业建筑和乡村旅游相结合,可以创造出既具有经济价值又具有美学价值的乡村景观。学习农业生产景观规划设计的策略,有助于指导乡村地区的景观规划设计,促进乡村经济、文化和环境的和谐发展。在具体实施时,应充分考虑当地的自然条件、文化背景和居民需求,创造出具有地域特色的乡村美学景观。

二、农业生产景观与生态保护规划

农业生产景观与生态保护规划是乡村景观规划设计中的重要议题,它涉及如何在保证农业生产效率的同时,保护和提升乡村的生态环境。

1.生态农业实践

生态农业是一种可持续的农业生产方式,它强调在农业生产过程中保护生物多样性,减少对环境的负面影响。在乡村景观规划中,应推广生态农业实践,如轮作、有机耕作、生物防治等,这些方法能够减少化肥和农药的使用,保护土壤和水源。同时,生态农业还能够提高农产品质量,增加农民收入,实现经济效益与生态效益的双赢。

2.绿色基础设施建设

绿色基础设施是指那些能够提供生态服务的自然和半自然景观,如湿地、森林、草地等。在农业生产景观规划中,应考虑如何保护和恢复这些绿色基础设施。例如,可以在农田周围设置防护林带,既能够防止水土流失,又能够为野生动物提供栖息地。此外,还可以建立生态廊道,连接不同的生态区域,维护生物多样性。

3.生态敏感区域保护

在乡村地区,往往存在一些生态敏感区域,如水源保护区、珍稀物种栖息地等。在农业生产景观规划时,应明确这些区域的边界,制定相应的保护措施。例如,可以限制这些区域内的农业活动,或者采用更为温和的农业生产方式。同时,还应加强对这些区域的监测和管理,确保生态保护措施得到有效执行。

4.农业景观的生态设计

农业景观的生态设计是指在农业生产过程中,采用合理的土地利用和景观布局,实现生态保护和农业生产的和谐共存。比如,可以设置生态田埂、水塘等,这些元素不仅能够提供生物栖息地,还能够改善农田的微气候,提高农业生产的可持续性。此外,还可以将农业生产区与自然景观区相结合,创造出既美观又生态的乡村景观。

综上,实施生态农业、建设绿色基础设施、保护生态敏感区域以及进行农业景观的生态设计,可以在不牺牲农业生产的前提下,有效保护乡村的生态环境。

第二节

农业生产景观规划与实施

一、农业生产景观规划与实施策略

农业生产景观规划是乡村可持续发展的重要组成部分,它不仅关系到农业生产的效率和质量,还直接影响到乡村的整体景观和生态环境。以下是关于农业生产景观规划与实施策略的几个关键点。

1.规划原则与目标设定

在进行农业生产景观规划时,首先需要明确规划的原则和目标。规划原则包括生态优先、经济合理、社会可接受和文化传承等。目标设定应结合乡村的自然条件、资源状况、经济发展水平和居民需求,确保规划的科学性和实用性。例如,可以设定提高农业生产效率、增强乡村景观吸引力、促进乡村旅游发展等具体目标。

2.土地利用与景观布局

土地利用规划是农业生产景观规划的核心。设计师应根据土地的适宜性、生产力和生态价值,合理划分农田、林地、水域等不同功能区。在布局上,应考虑景观的连续性和多样性,可以设置生态走廊、景观节点等,形成富有变化的农田景观。同时,应注重土地的多功能性,如在农田中设置休闲步道、观景台等,既满足农业生产,又提供休闲体验。

3.生态农业与循环经济

生态农业和循环经济是实现农业生产景观可持续发展的关键。生态农业强调在农业生产过程中保护生态环境,减少对自然资源的消耗。循环经济则倡导资源的高效利用和废弃物的再利用。在规划实施中,可以推广有机农业、节水灌溉、生物防治等生态农业技术,同时建立农业废弃物回收利用体系,如将秸秆转化为生物能源,将畜禽粪便用于有机肥料生产。

4.文化与教育的融入

农业生产景观规划应融入当地文化元素,可以展示传统农耕文化、民俗风情等,增强乡村的文化吸引力。同时,可以设立农业教育基地,如农耕文化博物馆、农业科技示范园等,让游客和居民了解农业生产的知识和技能。这样的文化与教育融入不仅丰富了农业生产景观的内涵,还能够提升居民的文化素养。

5.实施与监测评估

农业生产景观规划的实施需要政府、企业和居民的共同参与。政府应提供政策支持和资金投入,企业应承担社会责任,居民应积极参与。在实施过程中,应建立监测评估机制,定期检查规划的执行情况,评估农业生产景观的效果,及时调整和优化规划方案。此外,还应加强对村民的培训和指导,提高他们的生态农业知识和技能。

农业生产景观规划与实施是一项系统工程,需要综合考虑生态、经济、社会和文化等多方面因素。遵循规划原则,合理布局土地,推广生态农业,融入文化与教育,以及建立有效的实施和监测机制,可以打造出既实用又美观的农业生产景观。在具体实施时,应充分考虑当地的实际情况,确保规划的落地性和可持续性。

二、农业生产景观设计与乡村旅游的融合

农业生产景观设计与乡村旅游的融合是推动乡村经济发展和提升乡村整体形象的重要途径。这种融合不仅能够为游客提供独特的旅游体验,还能够为当地居民创造新的就业机会,同时促进农业生产的可持续发展。

1.农业体验旅游的开发

农业体验旅游是乡村旅游的重要组成部分,它允许游客直接参与农业生产活动,如种植、收割、加工等。在农业生产景观设计中,可以专门规划出体验区,设置适合游客参与的项目,如亲子农场、采摘园等。这些活动不仅能够增加游客的互动性和趣味性,还能够让他们亲身体验农业生产的过程,增强对农业文化的理解。

2.农业景观的旅游化改造

将农业生产景观转化为旅游景观,需要对现有的农田、果园、牧场等进行适当的改造。这包括改善道路和交通设施,设置观景台和休息区,以及通过艺术化的手法,提升景观的可观赏性和吸引力,如设置田间艺术装置、特色农舍等。同时,应注重保持农业生产的原始风貌,避免过度商业化,确保旅游发展与农业生产的和谐共存。

3.农产品的旅游商品化

农产品是乡村旅游的重要商品。在农业生产景观设计中,可以将农产品加工成具有地方特色的旅游纪念品,如特色干果、手工艺品等。这些商品不仅能够增加农民的收入,还能够作为文化传播的载体,推广当地的农业文化。此外,还可以建立农产品直销点、网上商城等销售渠道,方便游客购买。

4.乡村文化与农业景观的结合

乡村文化是乡村旅游的灵魂。在农业生产景观设计中,应深入挖掘当地的历史文化、民俗风情,将其融入农业景观之中。例如,可以举办农耕文化节、

民俗表演等活动,让游客在体验农业生产的同时,感受到乡村的文化魅力。此外,还可以将乡村建筑、传统农具等元素作为景观设计的一部分,增强乡村的地域特色。

5.生态农业与乡村旅游的可持续发展

生态农业强调在农业生产过程中保护生态环境,这与乡村旅游的可持续发展目标不谋而合。在农业生产景观设计中,应推广生态农业技术,如有机耕作、生物多样性保护等,这些措施不仅能够提高农业生产的可持续性,还能够为乡村旅游提供更加绿色、健康的环境。同时,应注重旅游活动的生态影响,应合理控制游客流量,减少对自然环境的破坏。

农业生产景观设计与乡村旅游的融合,是实现乡村经济多元化和可持续发展的有效途径。开发农业体验旅游、改造农业景观、商品化农产品、推广生态农业,可以为乡村地区带来新的经济增长点,同时提升乡村的整体形象和居民的生活质量。

第三节

农业生产景观规划案例

一、广州市白云区白山村农业生产景观规划

1.项目现状

白山村位于广州市白云区太和镇东部,在广州市"一二三"功能布局规划的都会区范围内。区位优势:30分钟广州生活圈范围内一环路、北二环穿村而过。资源优势:大山、大水、大生态,紧邻国家森林公园帽峰山。村域面积 1 016.65 hm²(1 hm²=10 000 m²),村建设用地37.24 hm²,人均用地158.5 m²,城市

※ 项目现状

建设用地15.32 hm²。以农业和工业为主,农业主要种植荔枝、蔬菜等。整体格局:七山、一水、两分田。

2.总体规划思路

深入挖掘"大山、大水、生态村"的内涵,在"策划、规划、计划"三划合一的思路指导下分阶段建设实施,打造以生态旅游、农业观光、休闲度假为特色,体现客家和广府村落风貌的"美丽白山"。建设生态村打通联系"大山大水"的旅游通道,改善村民生活环境。借助政府资金,完善基础设施,创造旅游环境,催化资源开发,建设国家AAAA级生态旅游景区和广州市民的周末休闲地。基于"大山、大水、生态村"的主题定位,结合白山村的农村特质和都市人对于慢生活的需求,规划提出"支撑、生态、文态、业态、形态"的整体功能策划。

风貌定位:以原生态为基础,融合乡村风情、体现客家文化和广府特色风貌要素:七山、一水、两分田、密林、村间游路、特色村屋。

❀ 白山村农业生产景观总体规划

　　八大景观主题分区:活力谷、休闲谷、健康谷、七彩谷、艺术谷、白山谷、养生谷、原生谷。

❀　八大景观主题分区

3.农业观光区规划

农业生产根据总体规划,结合具体的农作物或生产性植物,形成大地农业景观。

❋ 农业观光区效果

主要参考文献

[1] 王佩环.景观概念设计中的审美重构[M].武汉:武汉大学出版社,2016.

[2] 傅伯杰,陈利顶,马克明,等.景观生态学原理及应用[M].2版.北京:科学出版社,2011.

[3] 张娜.景观生态学[M].北京:科学出版社,2014.

[4] 吴家骅.景观形态学:景观美学比较研究[M].叶南,译.北京:中国建筑工业出版社,1999.

[5] 俞孔坚,李迪华.景观设计:专业学科与教育[M].北京:中国建筑工业出版社,2003.

[6] 俞孔坚,土人设计.城市绿道规划设计[M].南京:江苏凤凰科学技术出版社,2015.

[7] 廖建军.园林景观设计基础[M].3版.长沙:湖南大学出版社,2016.

[8] 蒋卫平.景观设计基础[M].武汉:华中科技大学出版社,2018.

[9] 李国庆.园林工程项目管理实战宝典[M].北京:中国林业出版社,2021.

[10] 黄铮.乡村景观设计[M].北京:化学工业出版社,2018.